U0190715

产品设计手绘表现技法

CHANPIN SHEJI SHOUHUI BIAOXIAN JIFA

安静斌　曾欢飞　孙长春　袁　玲　编著

高等院校设计类专业新形态系列教材

GAODENG YUANXIAO SHEJILEI ZHUANYE XINXINGTAI XILIE JIAOCAI

重庆大学出版社

图书在版编目（CIP）数据

产品设计手绘表现技法 / 安静斌等编著. --重庆：重庆大学出版社，2021.9
高等院校设计类专业新形态系列教材
ISBN 978-7-5689-2914-1

Ⅰ.①产… Ⅱ.①安… Ⅲ.①产品设计—绘画技法—高等学校—教材 Ⅳ.①TB472

中国版本图书馆CIP数据核字（2021）第168701号

高等院校设计类专业新形态系列教材

产品设计手绘表现技法

CHANPIN SHEJI SHOUHUI BIAOXIAN JIFA

安静斌 曾欢飞 孙长春 袁 玲 编著
策划编辑：周 晓 席远航
责任编辑：周 晓 装帧设计：张 毅
责任校对：谢 芳 责任印制：赵 晟

重庆大学出版社出版发行
出版人：饶帮华
社 址：重庆市沙坪坝区大学城西路21号
邮 编：401331
电 话：（023）88617190 88617185（中小学）
传 真：（023）88617186 88617166
网 址：http://www.cqup.com.cn
邮 箱：fxk@cqup.com.cn（营销中心）
全国新华书店经销
印刷：重庆升光电力印务有限公司

开本：787mm×1092mm 1/16 印张：6.75 字数：127千
2021年9月第1版 2021年9月第1次印刷
印数：1—3 000
ISBN 978-7-5689-2914-1 定价：48.00元

— 前言

FOREWORD

近年来，随着大众对产品外观设计的重视，以及计算机图形技术的日益发展，三维软件模拟出不同视角下逼真的产品视觉空间等技术手段，一直被设计师认为是一项必备的专业技能，它们往往出现在产品设计流程中的不同阶段。而手绘效果图主要是在产品创意阶段和产品讨论交流阶段使用，它是一个设计者职业水准最直接、最直观的反映，也最能体现设计者的综合素养。产品手绘和产品计算机软件可以被视为产品视觉表现的两架马车，二者齐驱并行、相得益彰。

在产品的设计过程中，产品手绘效果图是设计师在思维创意过程中一个重要的创意再现，它要求用精准的线条、准确的色彩表现出产品的形体关系和整体特征。学习手绘技能并非一日之功，需要初学者通过长期的学习，进行不断练习，持之以恒，方能见效。

本书是针对工业设计专业学生和手绘零基础的爱好者进行编写的。书中通过浅显易懂的文字与图形，对产品手绘效果图中常用的线条、透视规矩、明暗规律以及马克笔工具的上色等技法进行了讲解，从而使初学者能更科学、更规范、更有效地学习。

最后，感谢在本书的编写过程中给予指导与帮助的杨明朗教授，以及促成本书顺利出版的周晓、席远航老师，感谢多年来一直关心和支持我的梁屹老师。本书若存在不足之处，望读者多加批评指正。

安静斌

2021 年 6 月

— 目录
CONTENTS

1 | 概 述

手绘表现的重要性

产品设计手绘表现原则

产品设计手绘表现工具

1.1 手绘表现的重要性

手绘表现技法是环境设计、建筑设计、室内设计、产品设计、服装设计等专业的一门重要的专业基础课。手绘是设计者的语言，设计表现无疑是设计者的灵魂。因此，手绘表现是设计者表达设计方案的重要手段，也是设计中的一个重要环节，其目的是快速表达和记录设计者的构思过程、设计理念等，它是一个设计者职业水准最直接、最直观的反映，最能体现设计者的综合素养。

手绘效果图与纯绘画作品不同，它属于一种艺术与技术相结合的产物，除需要设计者具有专业技术知识外，还应具备良好的绘画基础。因此，学好手绘表现技法，对提高学生的设计表达能力、思维能力、沟通能力等具有重要的意义（图 1–1—图 1–4）。

图 1–1

图 1–2

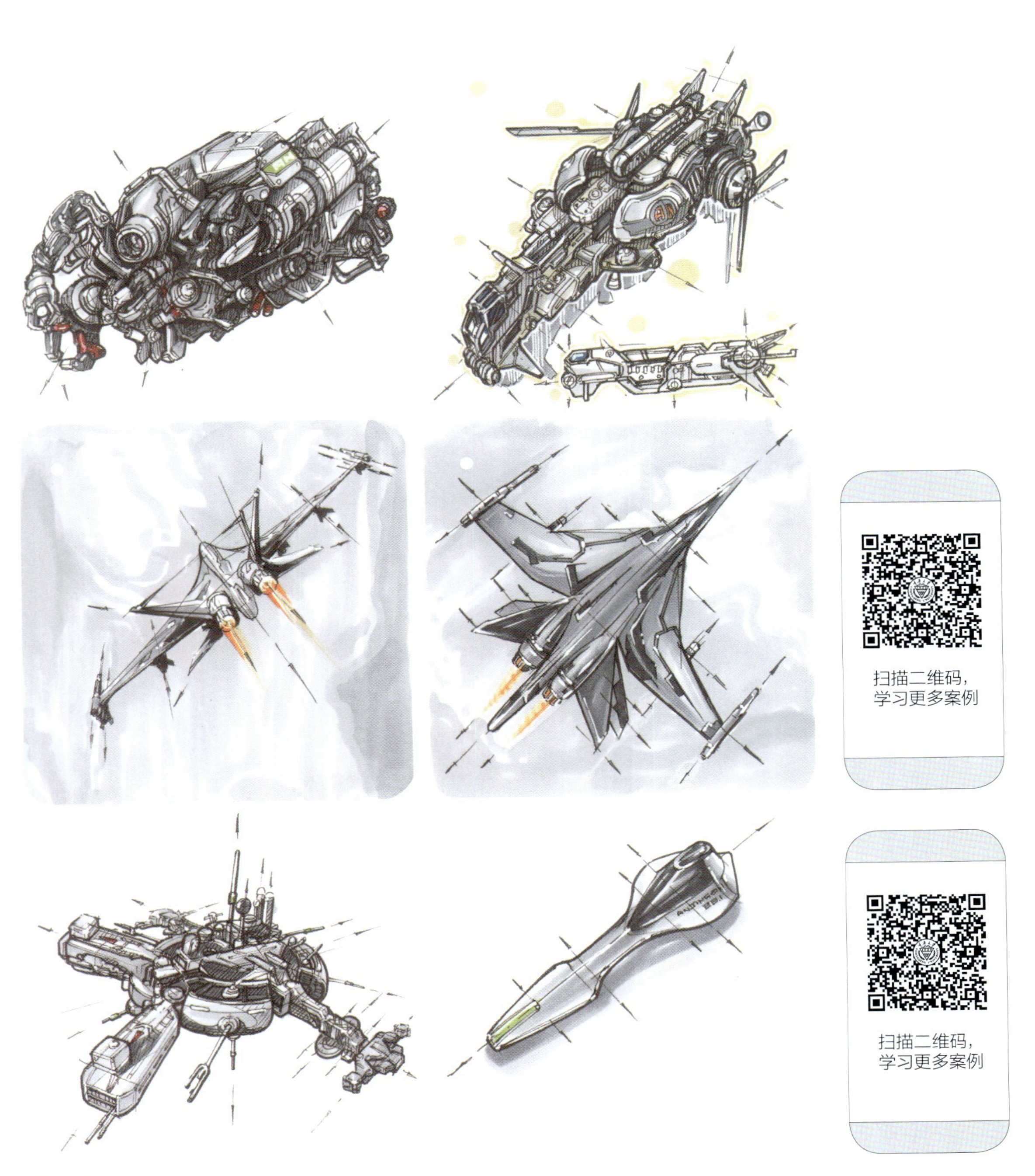

图 1-3

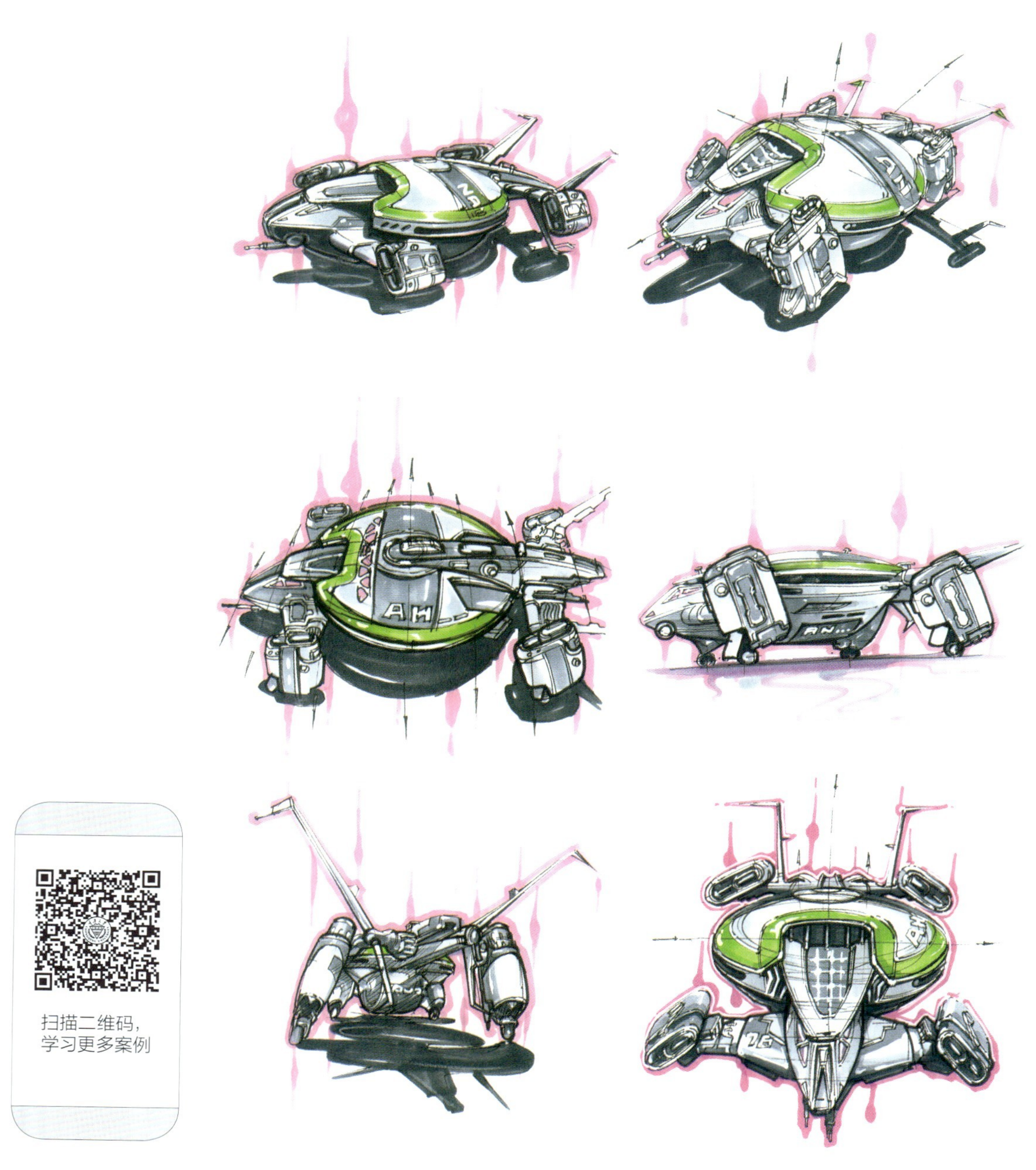

图 1-4

如何练好手绘？这可能是现在大学生们所面临的难题，其实方法步骤很简单。

第一步：尽可能多地临摹一些优秀的手绘效果图。优秀的画家也是从临摹开始的，学生阶段的临摹能快速提升手绘技法，从而找到属于自己的手绘表达方式 。

第二步：坚持每天练习，也就是一个量的积累过程，有了量的积累才会得到质的飞跃。哪怕每天只有 10 分钟的简单练习，但只要坚持下来，一个月或一年后，手绘技法就会有很大的提高。

第三步：通过大量的手绘练习不但能提高手绘能力，更重要的是在手绘过程中能找到自信，而自信对于一个设计师来说是十分重要的。

1.2 产品设计手绘表现原则

手绘表现要求快速布局构图、把握结构。手绘表现技法训练可以使意识层面的思维转换落实到物质媒介上，即将脑中的意图通过手快速地表现出来。另外，还可以锻炼善于发现并捕捉事物美的能力，从而逐步提高审美能力和艺术修养（图 1–5、图 1–6）。

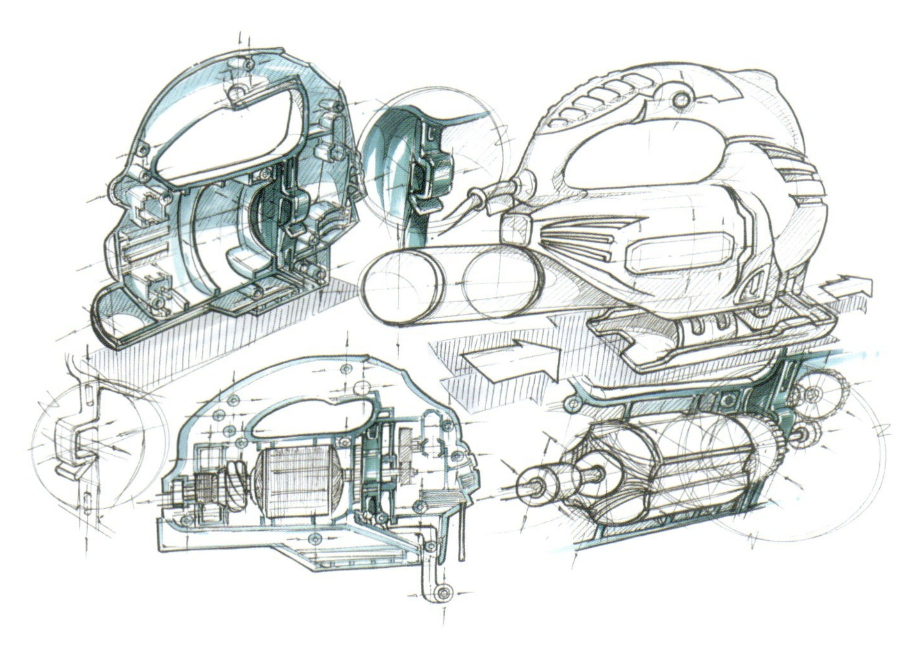

图 1–5

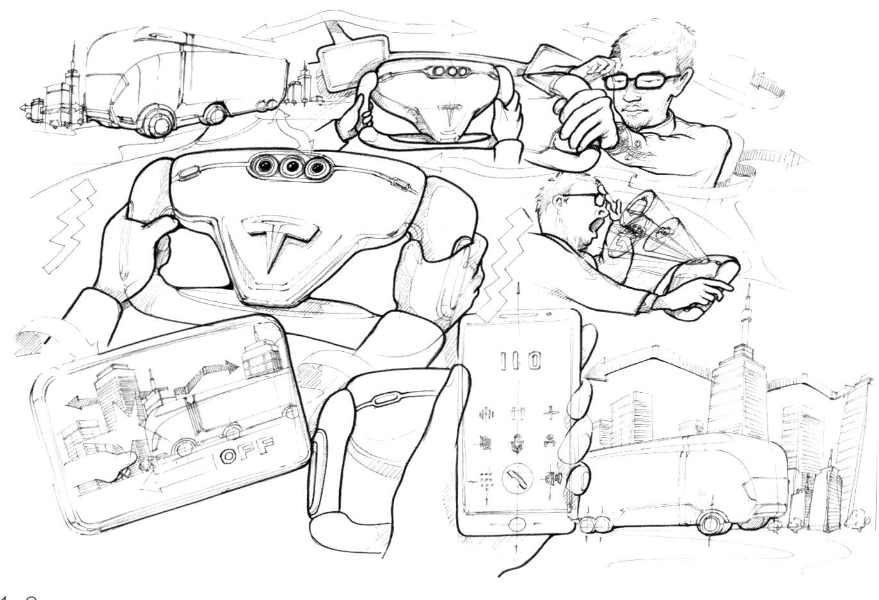

图 1-6

在设计手绘过程中，应遵循以下两个原则：

（1）准确性原则

准确性是手绘效果图的第一要义，手绘必须符合产品设计的各项客观要求，绝不能随心所欲、脱离实际地绘制。

（2）艺术性原则

艺术性是指在准确性的基础上增强手绘效果图的艺术感染力，是设计本身的进一步深化，能为效果图增光添彩。

1.3 产品设计手绘表现工具

（1）铅笔

①铅笔的线条厚重朴实，利用笔锋的变化可以画出粗细轻重等多种线条变化，非常灵活，富有表现力。

②铅笔可擦除的性质决定了创作过程中的可修改性，绘画过程中可以随时擦除不需要的线条，以及对错误的线条进行更改。

（2）钢笔

①钢笔的线条干脆利落，绘制的作品效果强烈。

②钢笔不能擦除，因此在下笔前要仔细观察所要表现的对象，做到胸有成竹。

（3）马克笔

马克笔是专为绘图研制的。在产品效果图中，马克笔表现力强。在当今发达国家的工业设计领域，如宝马、奔驰这样的大公司的产品设计方案评估都是围绕马克笔效果图进行的。因此，必须掌握好马克笔的使用方法。

①马克笔按色彩，分为彩色系和黑色系；按墨水的性质，分为水性、油性和酒精性三种。

②马克笔线条流畅，色彩鲜艳明快，使用方便。

③由于马克笔笔触明显，多次涂抹时颜色会进行叠加，因此用笔要果断，在弧面和圆角处要进行顺势变化。

（4）色粉

色粉色彩柔和、层次丰富，在效果图中通常用来表现较大面积的过渡色块，在表现金属、镜面等高反光材质或柔和的半透明肌理时最为常用。

（5）彩铅

彩铅就是彩色铅笔，是效果图绘制的常用工具，主要用于加色和勾勒线条。彩色铅笔的色彩及硬度丰富，可以利用色彩及不同硬度的笔尖绘制出层次分明的作品。

根据笔芯可以分为蜡质（软）和粉质（脆），还有一种水溶性的彩铅，着色后用描笔蘸水晕开，可以进行色彩的渐变过渡，从而模拟水彩效果。

（6）圆珠笔

圆珠笔的手感，或说线条，在不同的笔下有不同的特点：有的干涸粗糙，线条断断续续，画面粗糙沧桑；有的新鲜湿润，线条流畅，画面清新干净。如何选择，视具体情况而定。一般来说，常用于作画的圆珠笔有多种颜色，其中红色较为少用，因为红色画面容易使人产生视觉疲劳。

（7）针管笔

针管笔定位的精准度高，一步到位，颜色较深，不易表现出线条的属性，但视觉感较强。

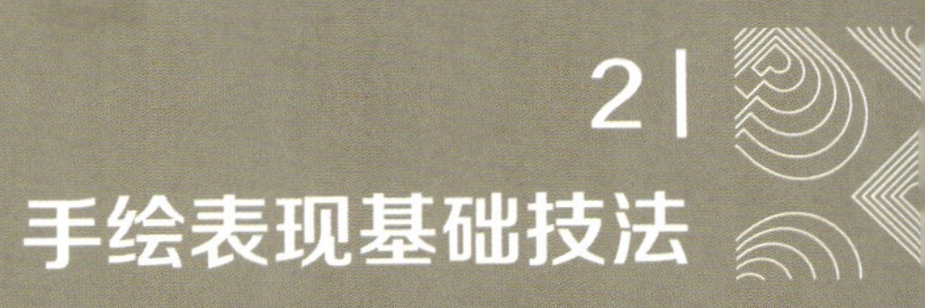

2 | 手绘表现基础技法

线条的应用

透视应用

倒角技法应用

曲面产品表现

2.1 线条的应用

2.1.1 直线

对于初学者来说，常见线条的绘画方式有许多种，如起点式、慢动作式、短线式、直线式等（图 2–1）。这些线条的绘画方式在其他绘画效果图中均能得到体现，但是在产品效果图绘制中，正确的直线线形应为中间重两头轻（图 2–2）。

（1）直线的练习

线条的练习有很多种不同的方法，有线条长短之分，有点对点连线，有不同方向的线，还可以绘制间隙距离有规律的线段等。这些不同种类线条的练习对于各种不同造型的产品设计有着至关重要的意义。初学者可以采用下列几种方法来练习线条的绘制：

①等距线条练习。等距线条练习包括长度不同、距离相同的同方向线条练习（图 2–3）和长度相同、距离相同的同方向线条练习（图 2–4）。

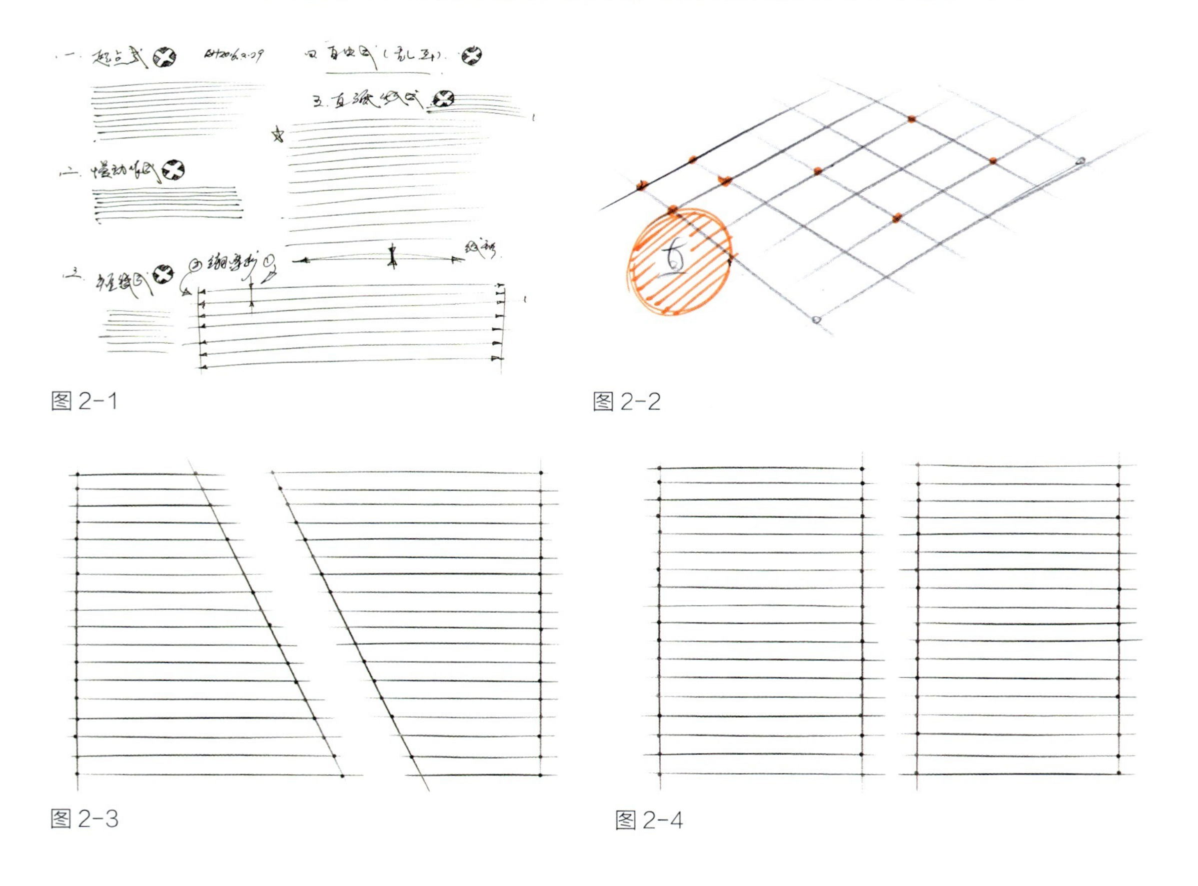

图 2–1　图 2–2

图 2–3　图 2–4

②透视线条练习。透视线条练习包括一点透视线条练习（图 2–5）和两点透视线条练习（图 2–6）。

③直线线条练习。直线线条练习是一个循序渐进的过程，应从等距离直线练习开始（图 2–7），然后到等距离平行斜线的练习（图 2–8），再到水平线与斜线的混合练习（图 2–9），最后在线条中加入产品的绘制（图 2–10）。

④方体直线练习。方体直线练习是在立方体表面进行直线条的练习，即在画好立方体的基础上，再在立方体的各个表面绘制不同方向的线条（图 2–11、图 2–12）。

扫描二维码，
学习更多知识

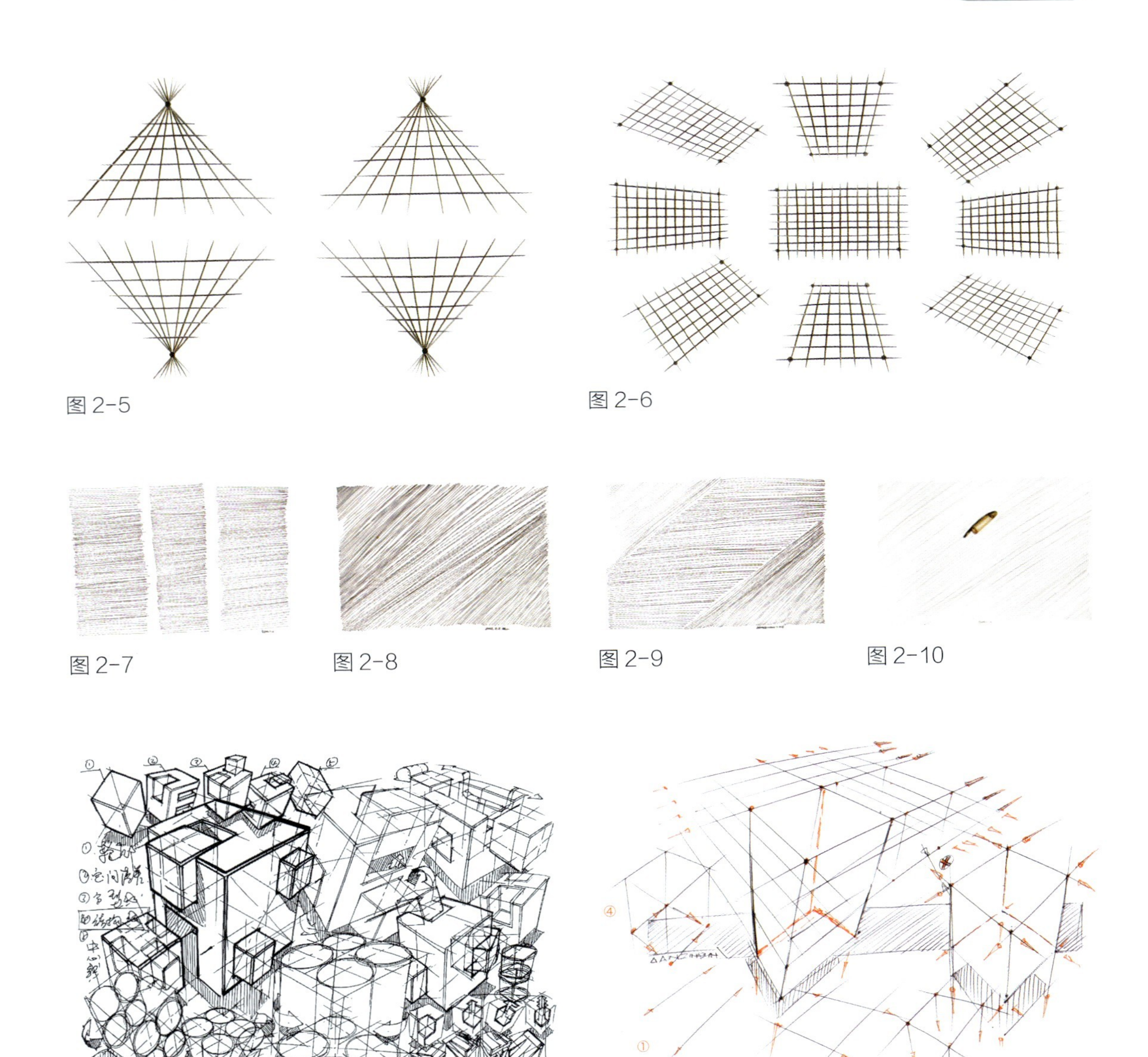

图 2–5

图 2–6

图 2–7

图 2–8

图 2–9

图 2–10

图 2–11

图 2–12

（2）直线的应用

直线线条不仅可以用来装饰简单产品的表面，体现产品的大面结构以及进行简单的阴影描绘，在实际的应用中还可以利用直线线条间距远近、交叉方向来表现产品的结构、细节（图 2–13—图 2–22）。

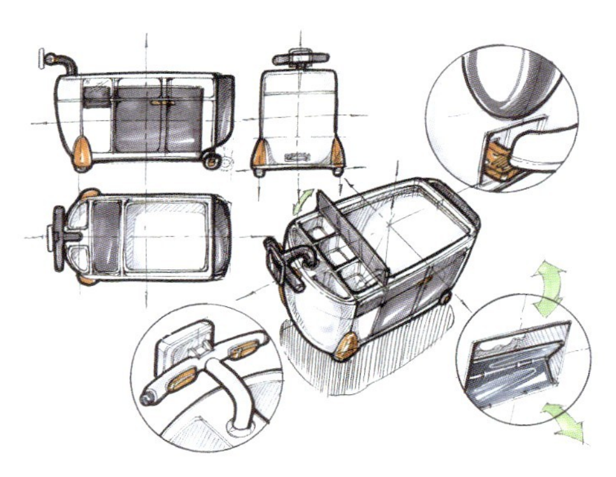

图 2–14

图 2–13

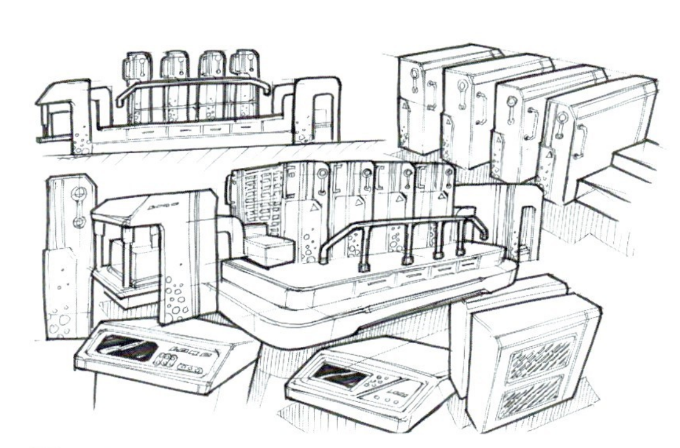

图 2–15

图 2–16

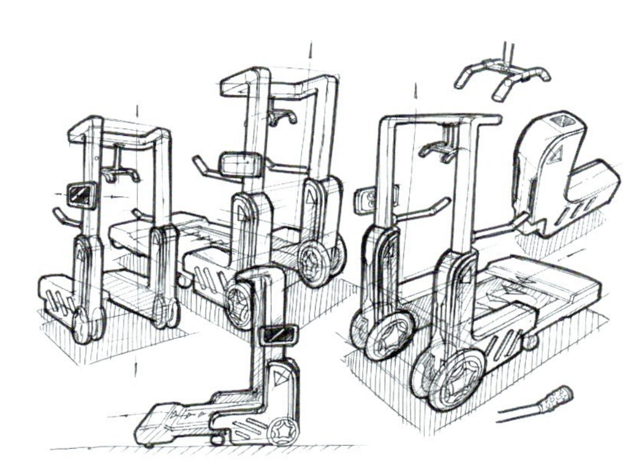

图 2–17

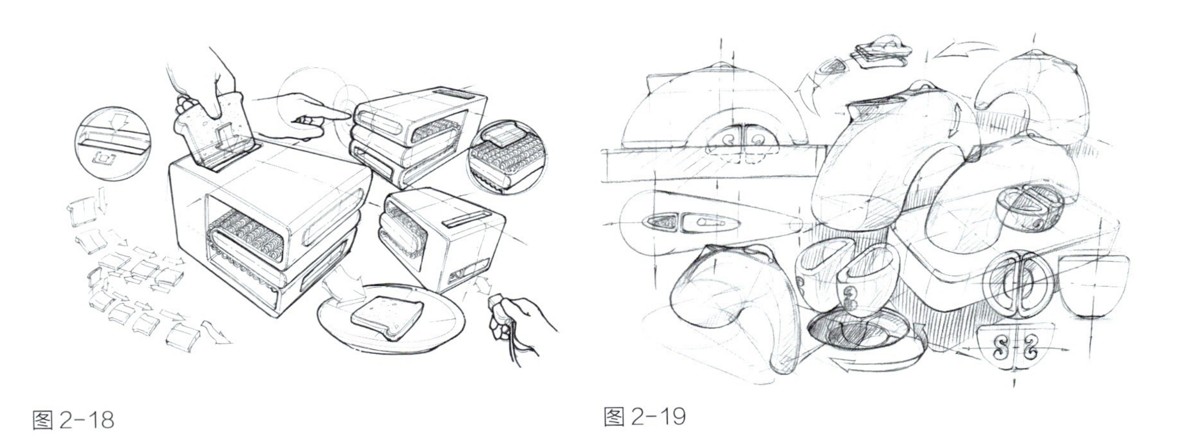

图 2-18　　　　图 2-19

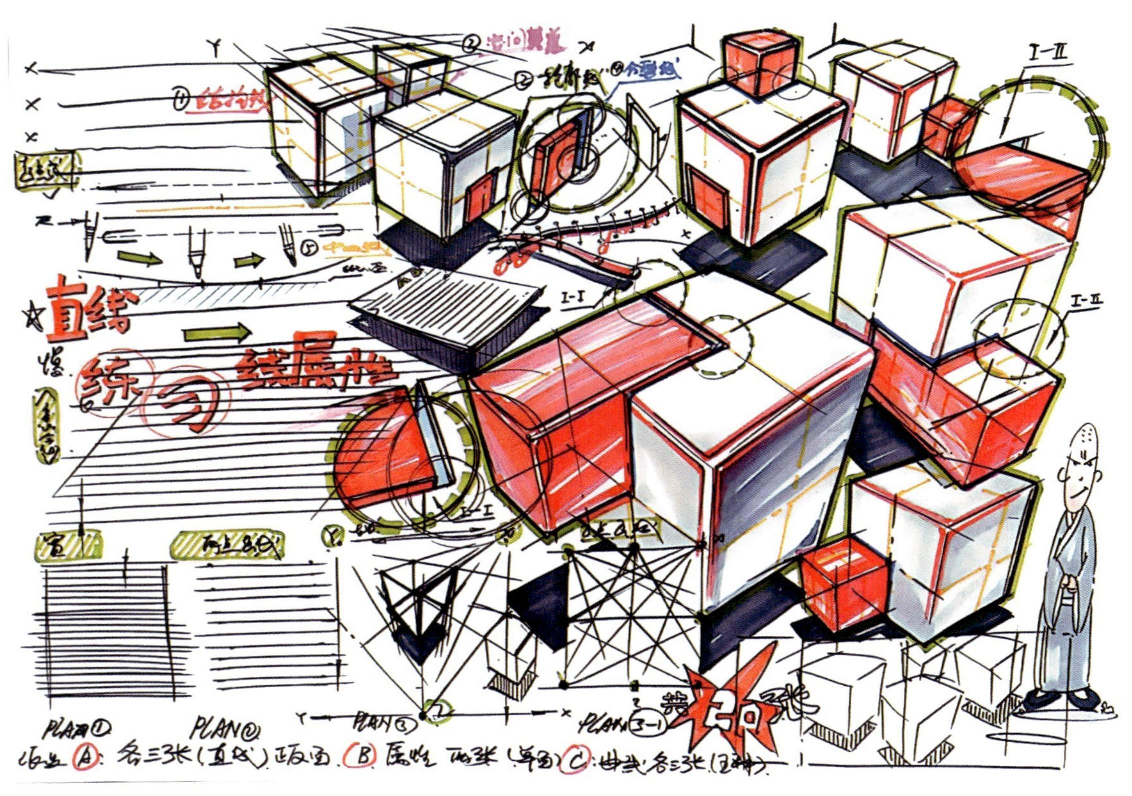

图 2-20

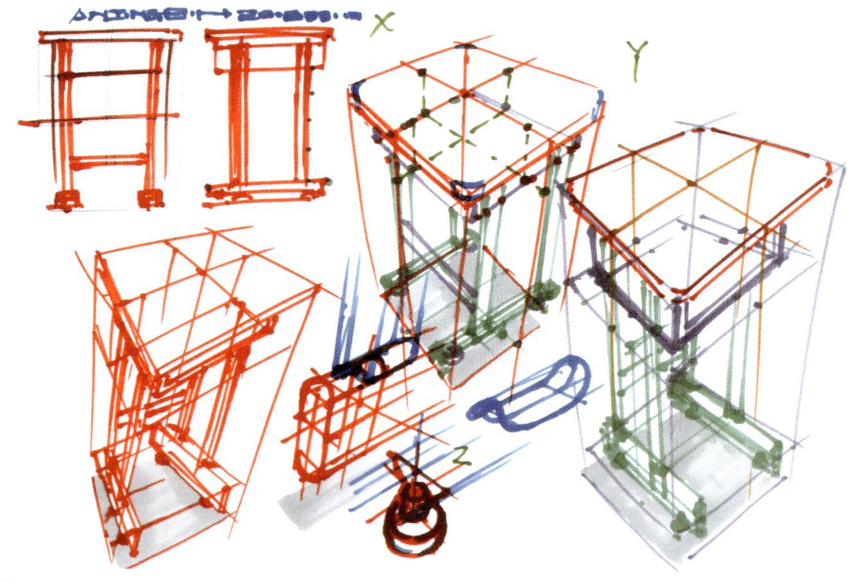

图 2-21

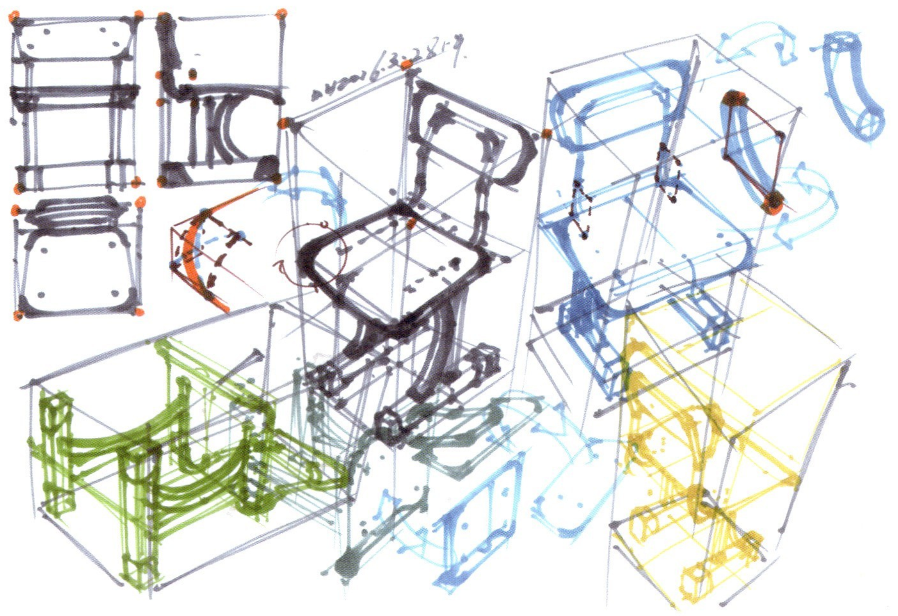

图 2-22

2.1.2 曲线

曲线的种类很多，既包含有规律可循的圆、椭圆、抛物线等，也包含无规律可循的自由曲线。绘制曲线最基本的要求是保持曲线的连续性和光滑性，绘制过程尽量一次成型（图 2–23）。

（1）曲线的练习

曲线线条和直线线条相比，有更多的不确定性，要想画好曲线，必须经过大量的练习，不仅要练习曲线的流畅与美感，还需要练习曲线的形态。

初学者可以采用下列几种方法来练习的曲线线条。

①三点、四点曲线练习。先在纸上随意点三个或者四个点，然后用连贯的曲线连接这三个或者四个点（图 2–24、图 2–25）。

②多点曲线练习。在纸上随意点多个点，然后用连贯的曲线连接这些点（图 2–26、图 2–27）。

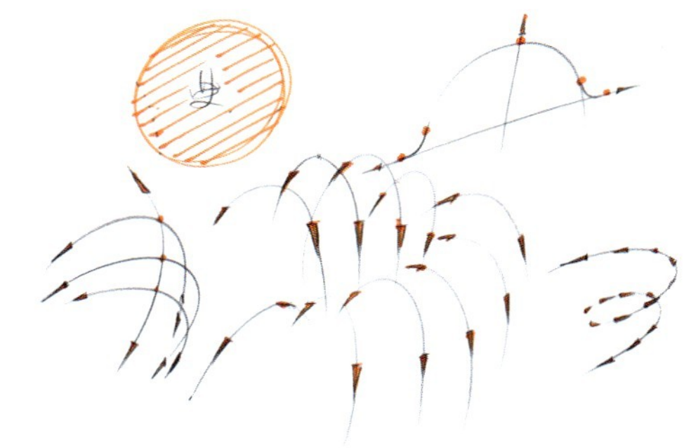

图 2–23

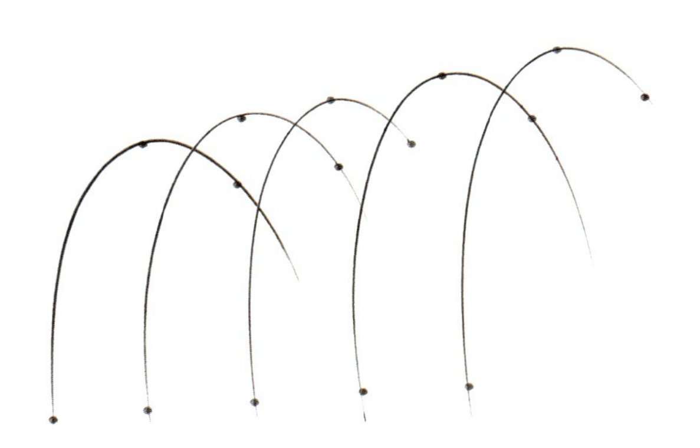

图 2–24

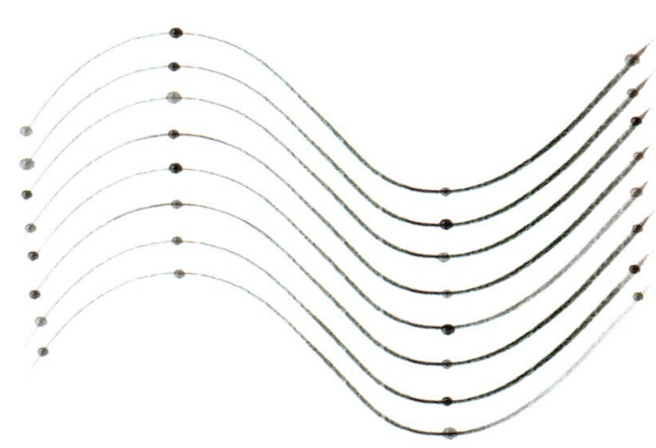

图 2–25

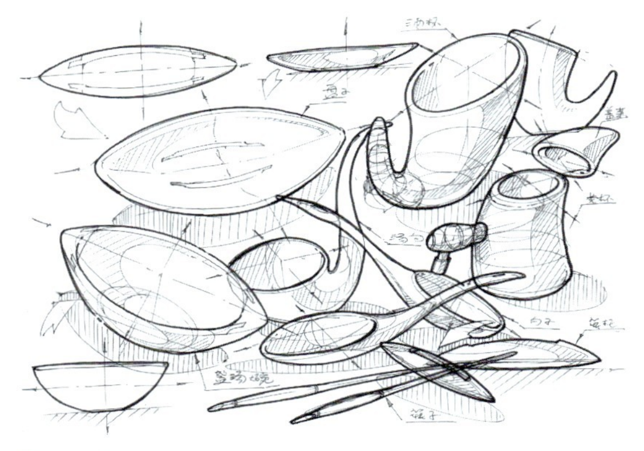

图 2–26

图 2–27

（2）曲线的应用

曲线在手绘表现中是最活跃的因素，也是最重要的角色，在实际应用中要把握好曲面的转折、光影、空间感等问题（图 2–28—图 2–46）。

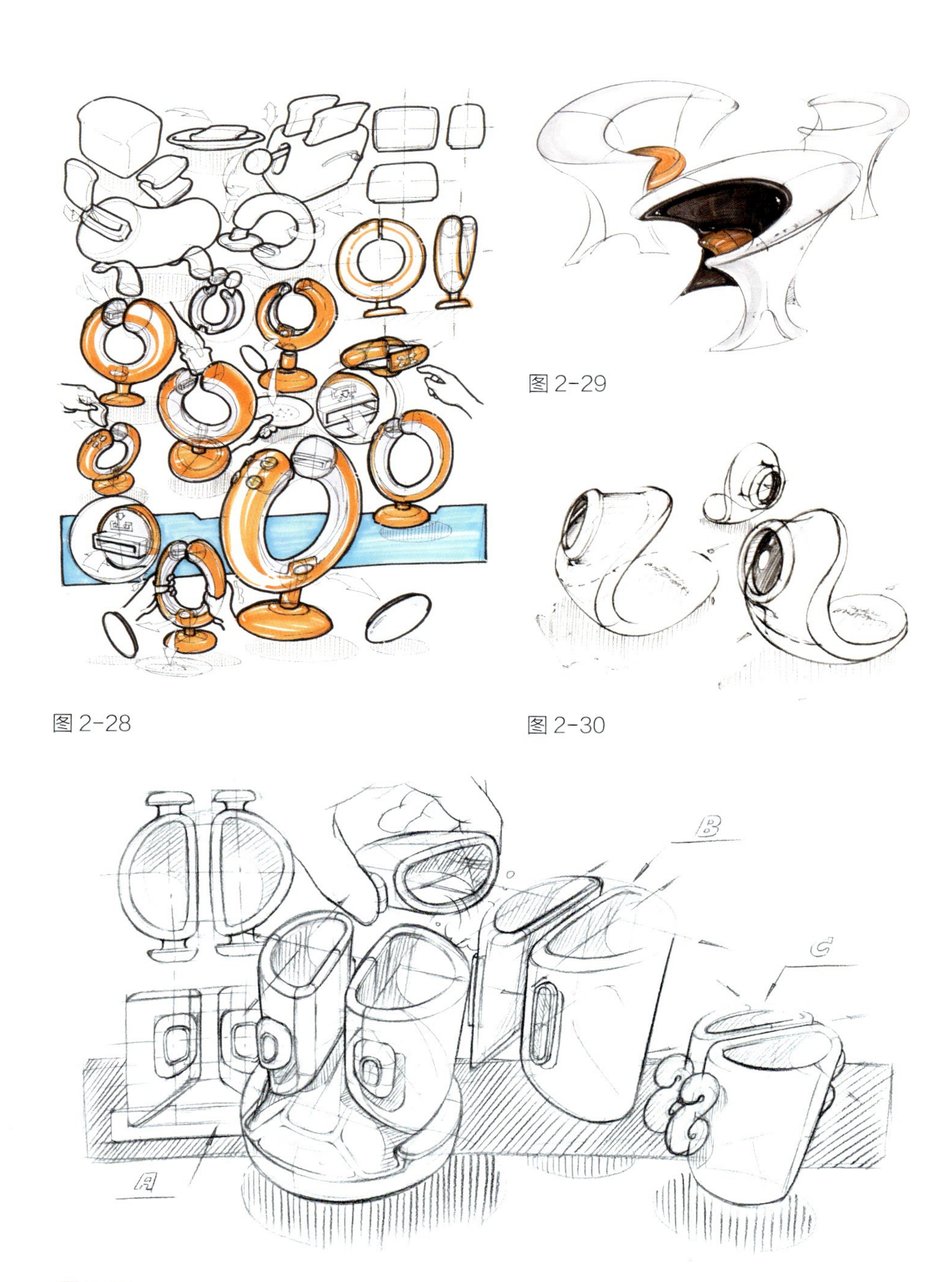

图 2–28

图 2–29

图 2–30

图 2–31

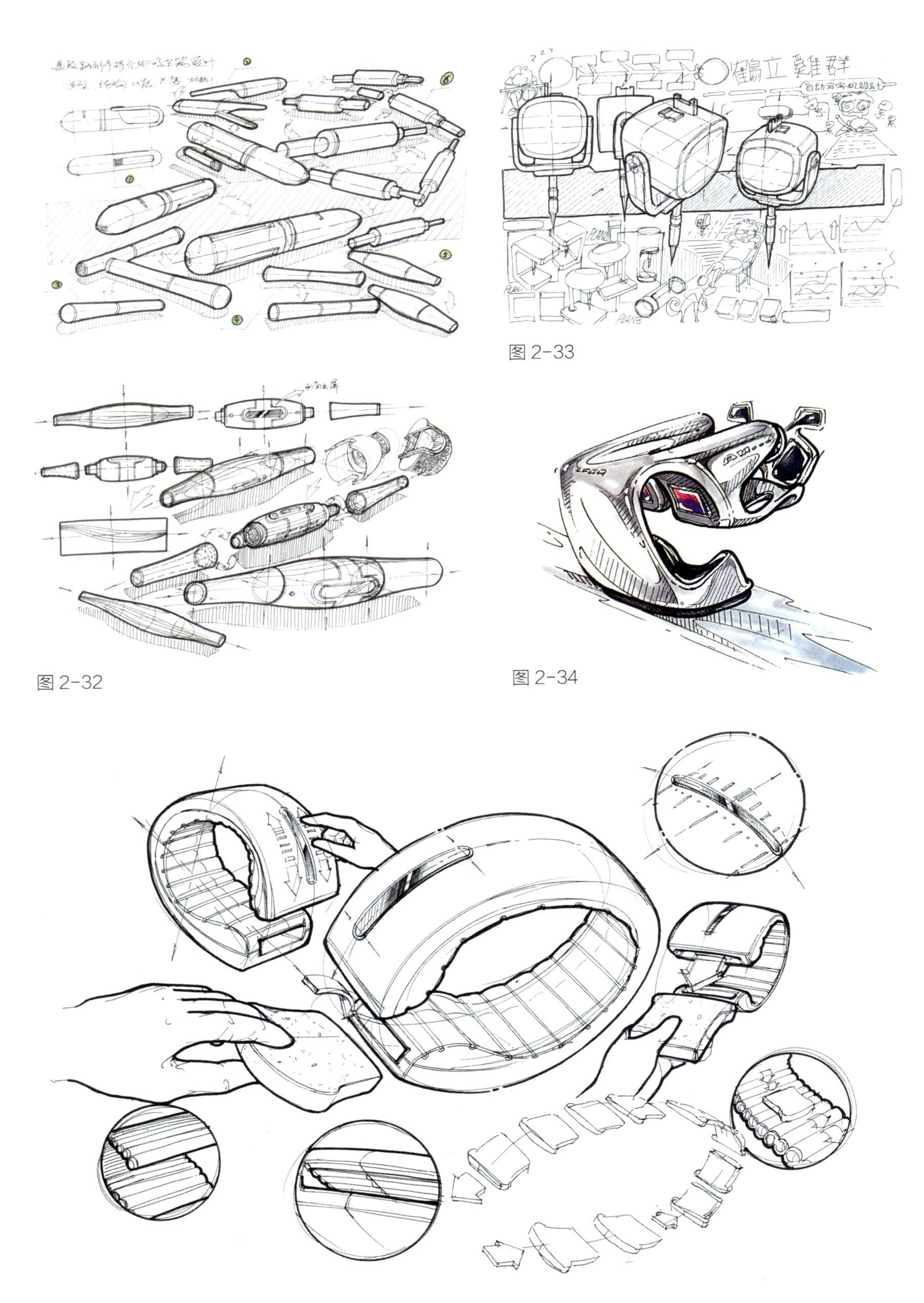

图 2-32

图 2-33

图 2-34

图 2-35

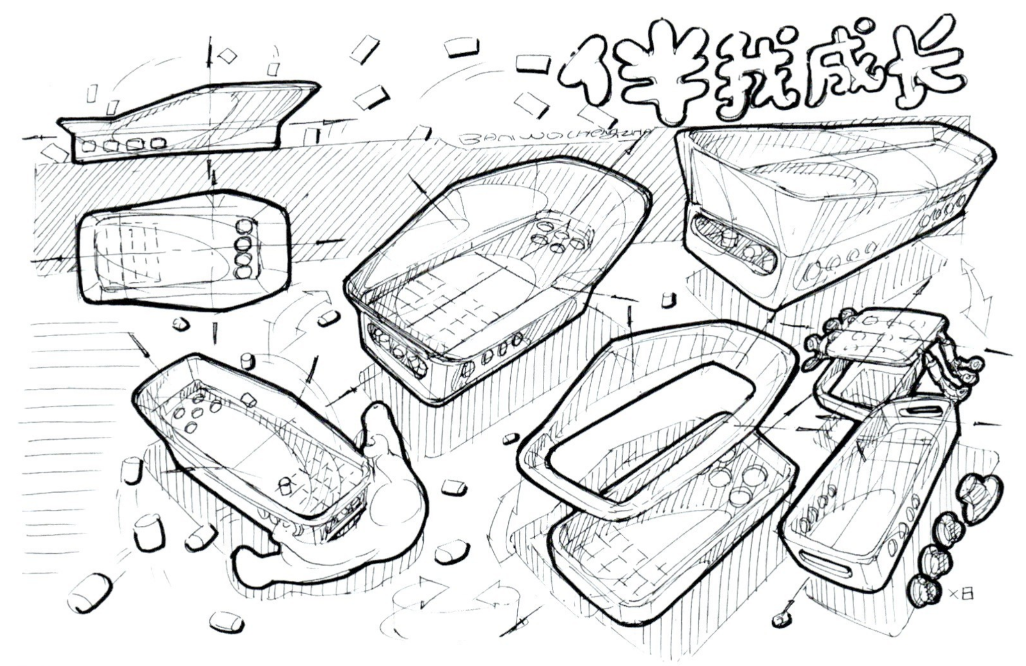

图 2-36

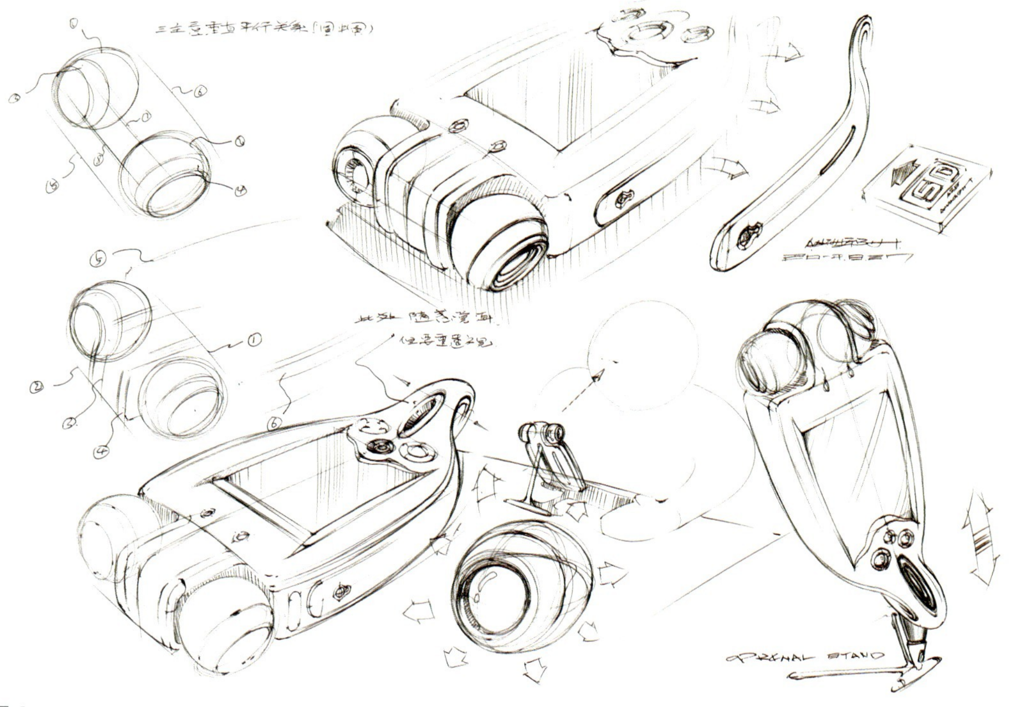

图 2-37

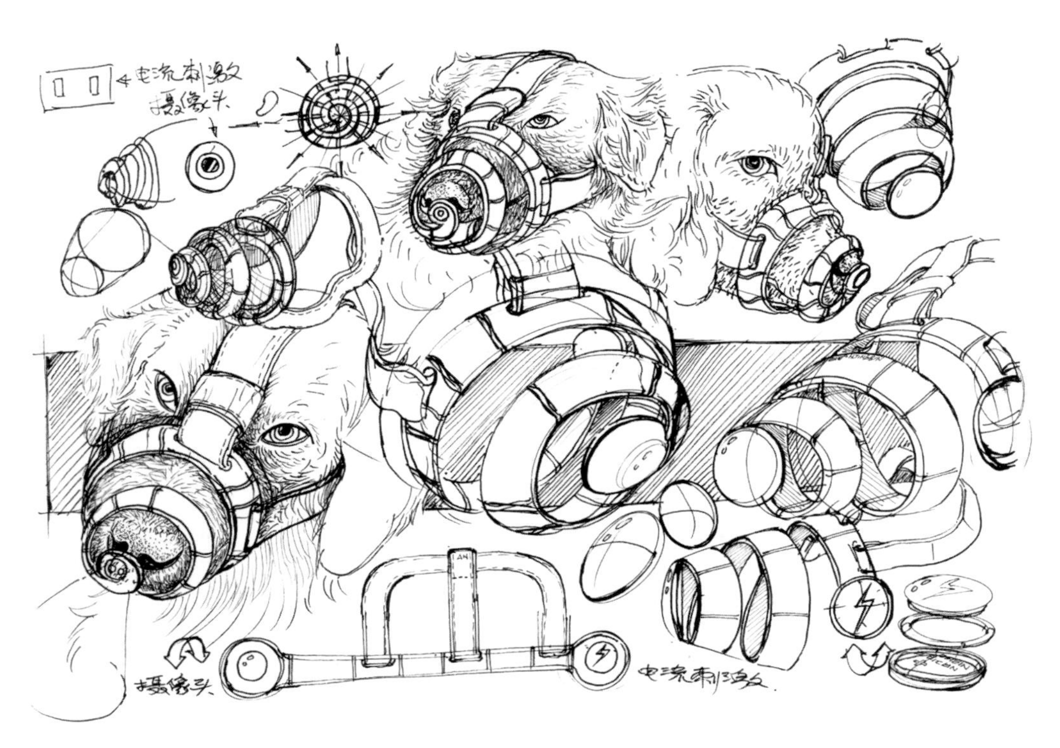

图 2-38

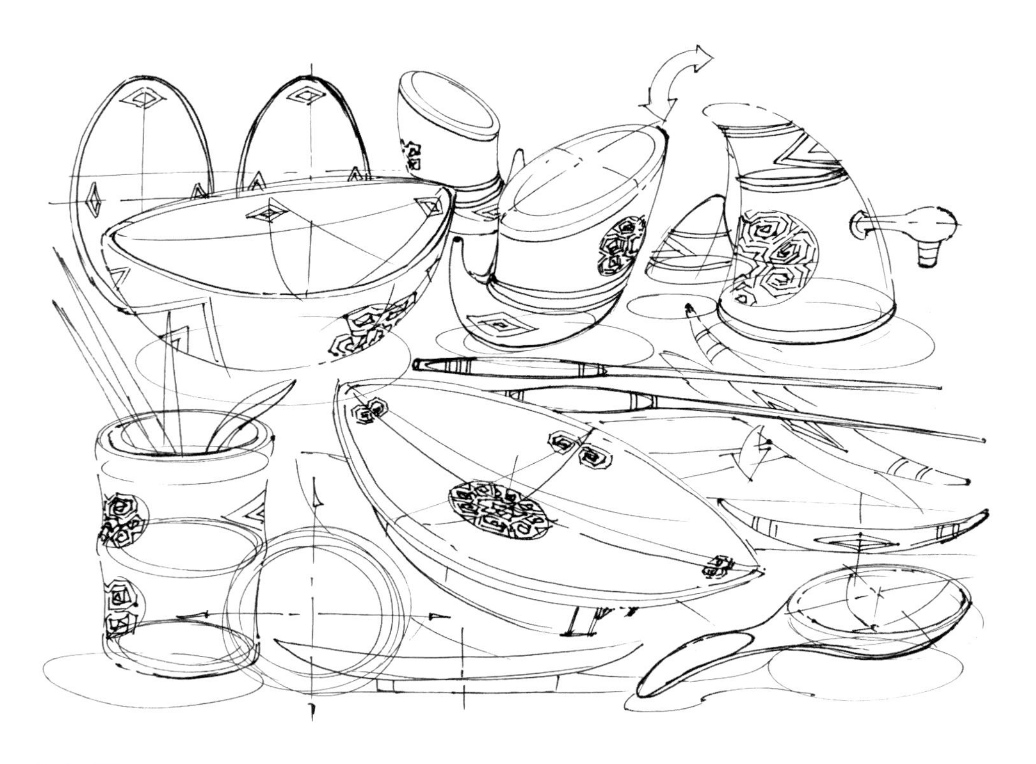

图 2-39

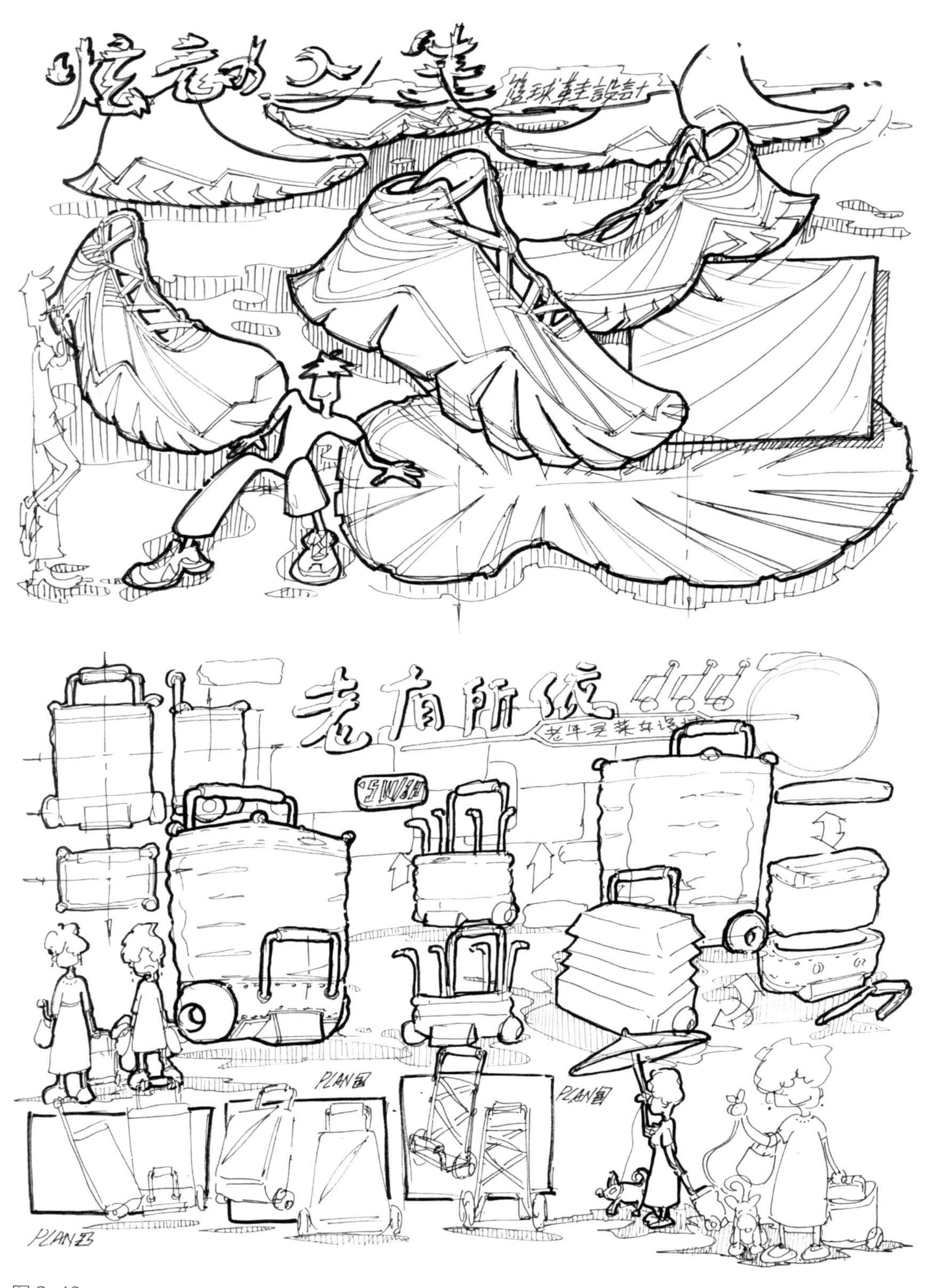

图 2-40

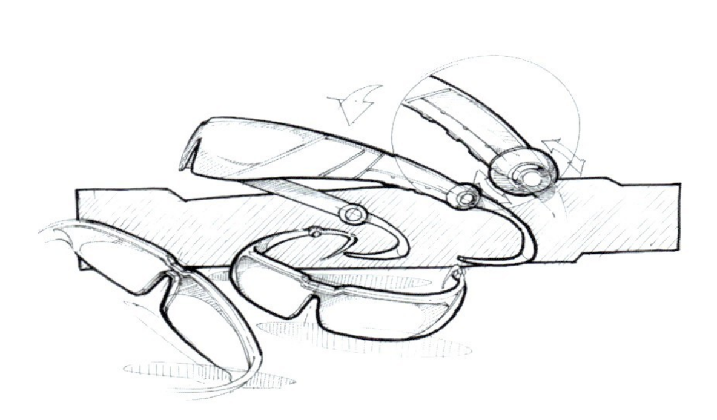

图 2-41

图 2-42

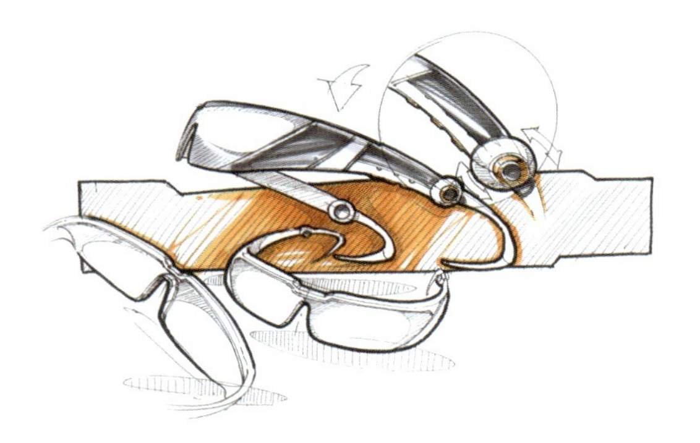

图 2-43

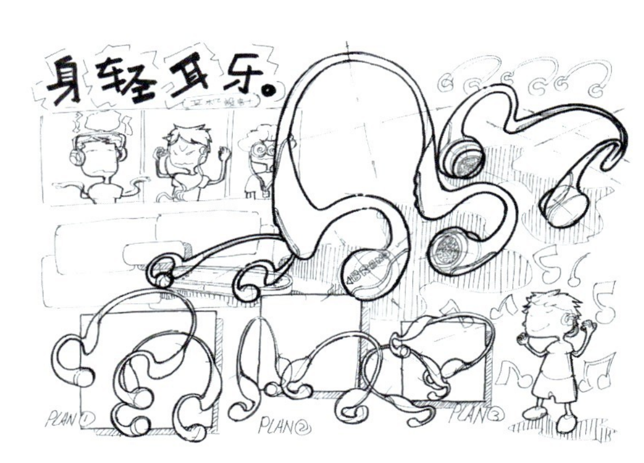

图 2-44

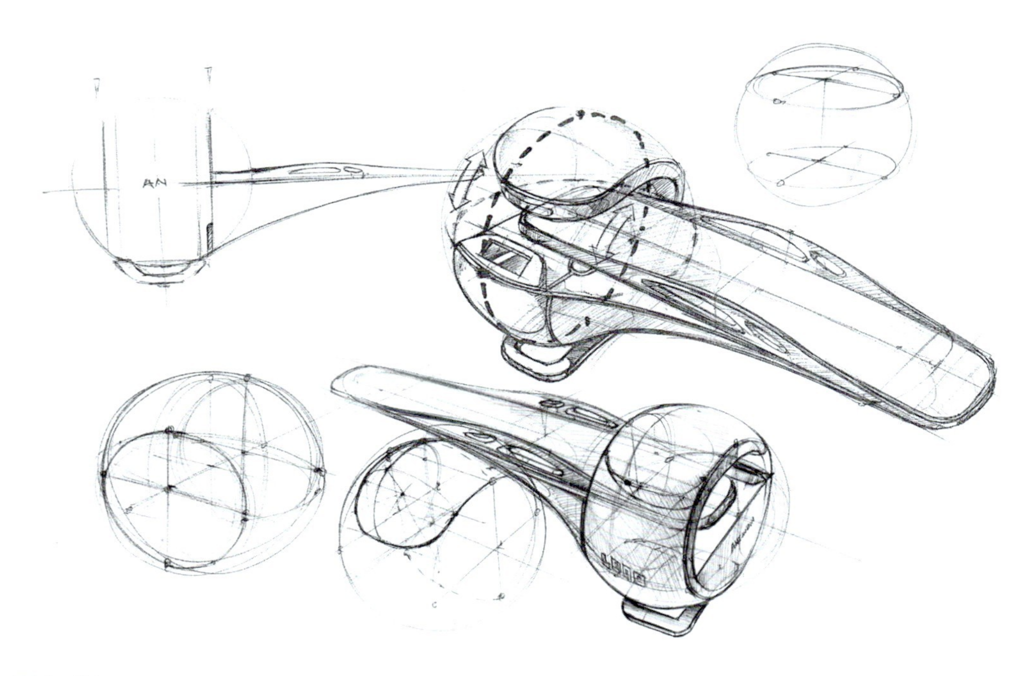

图 2-45

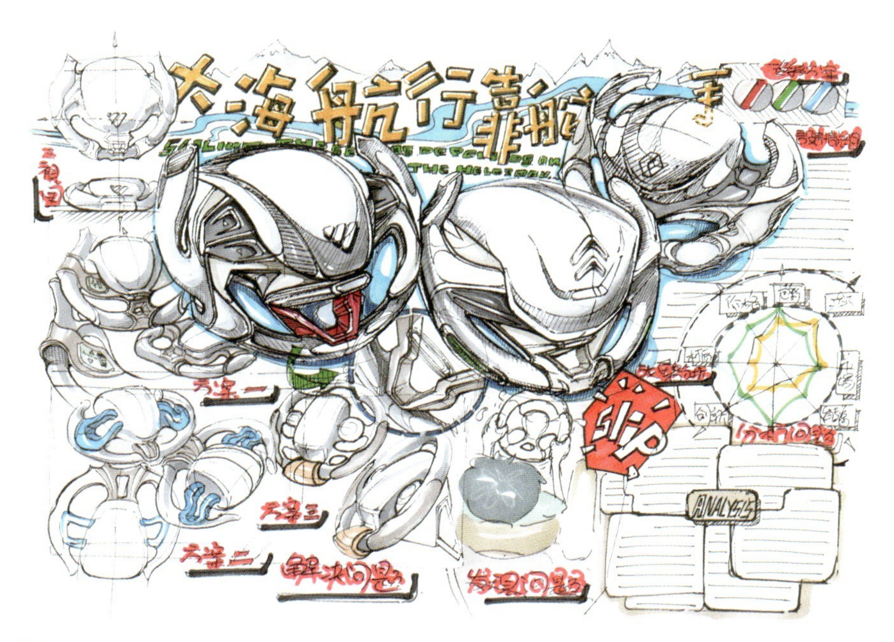

图 2-46

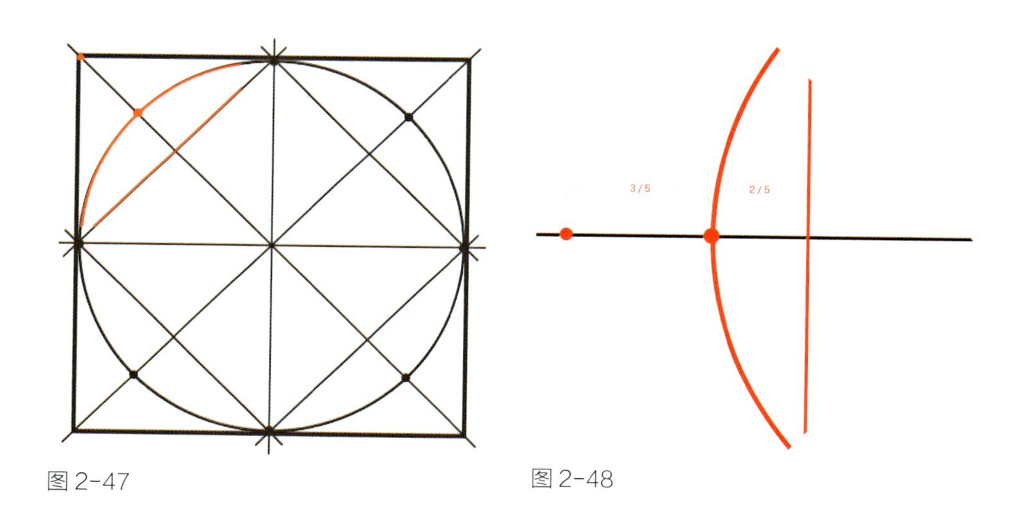

图 2-47　　图 2-48

扫描二维码，学习更多知识

2.1.3　圆（椭圆）

圆（椭圆）形的绘制原理和曲线的绘制原理一样，要求线条连续、光滑，最基本的原则为方中求圆（图 2-47）。先找到圆（椭圆）形上的点，然后用光滑的曲线连接这些点便形成圆（椭圆）（图 2-48）。

（1）圆的练习

圆（椭圆）形的绘制练习见图 2-49、图 2-50。

（2）圆的应用

圆（椭圆）形产品绘制应用见图 2-51—图 2-54。

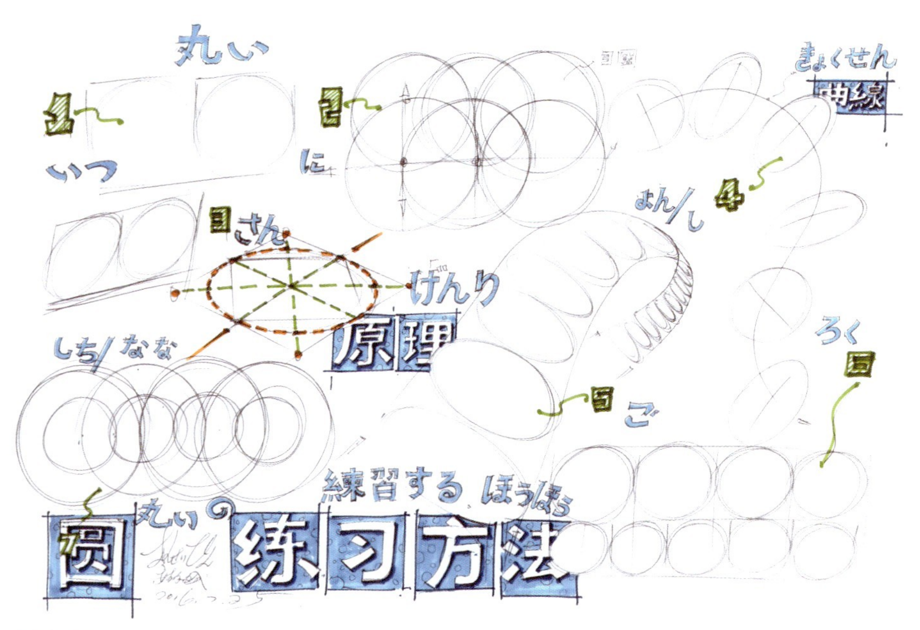

图 2-49

图 2-50

图 2-51

图 2-52

图 2-53

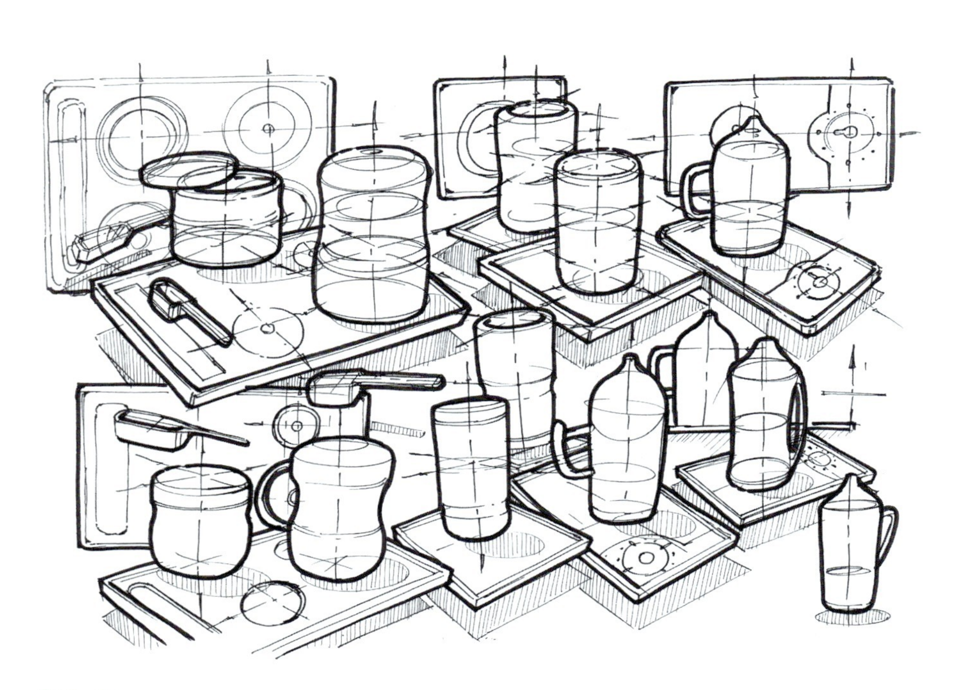

图 2-54

2.2 透视应用

在产品设计效果图的绘制中，为更准确地表现产品的造型及细节，往往会尽可能地表现产品在人眼中的真实状态。人眼在观察物体时，由于眼球的聚焦原理，落在视网膜上的物体形象会产生透视变形，因此产品设计效果图透视必须准确。

透视的产生是因为观察者视点的位置与高度不同，也与物体和画面的放置角度有关。通常，透视可分为三类：一点透视（又称平行透视）、两点透视（又称成角透视）和三点透视。由于三点透视通常呈现俯视和仰视状态，在建筑设计里常用于加强透视纵深感、表现高大物体，但在产品设计效果图中较少应用，所以此处只简单地讲述一点透视和两点透视。

2.2.1 一点透视

扫描二维码，
学习更多知识

当正方体三组棱线中的两组平行于画面时，这两组棱线则仍保持原来的水平或垂直状态不变。这两组与画面平行的棱线被称为原线。只有与画面垂直的那一组棱线会产生透视变形，并且向远处延伸相交于视平线上的心点（主点），这组与画面不平行的棱线被称为变线。这种只有一组棱线产生透视变形的透视现象称为“一点透视”。一点透视没有太多的透视变化，因此多用来表现主立面较复杂而其他面较简单的产品（图 2-55）。

长方体的一点透视画法如下（图 2-56）：

①在水平线上确定灭点、距点位置。

②确定两组平行于画面的直线及方形边长，连接方形与灭点。

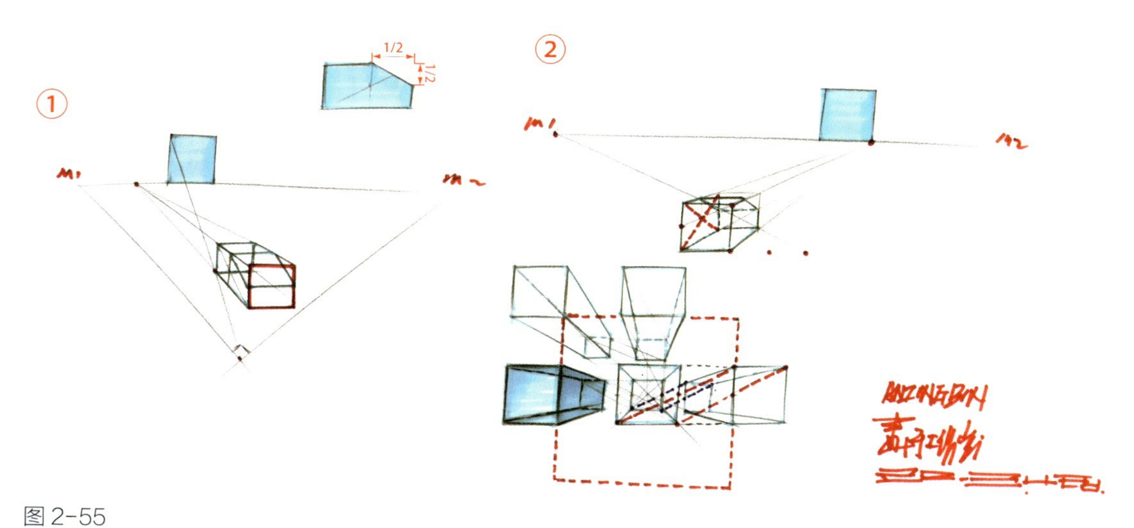

图 2-55

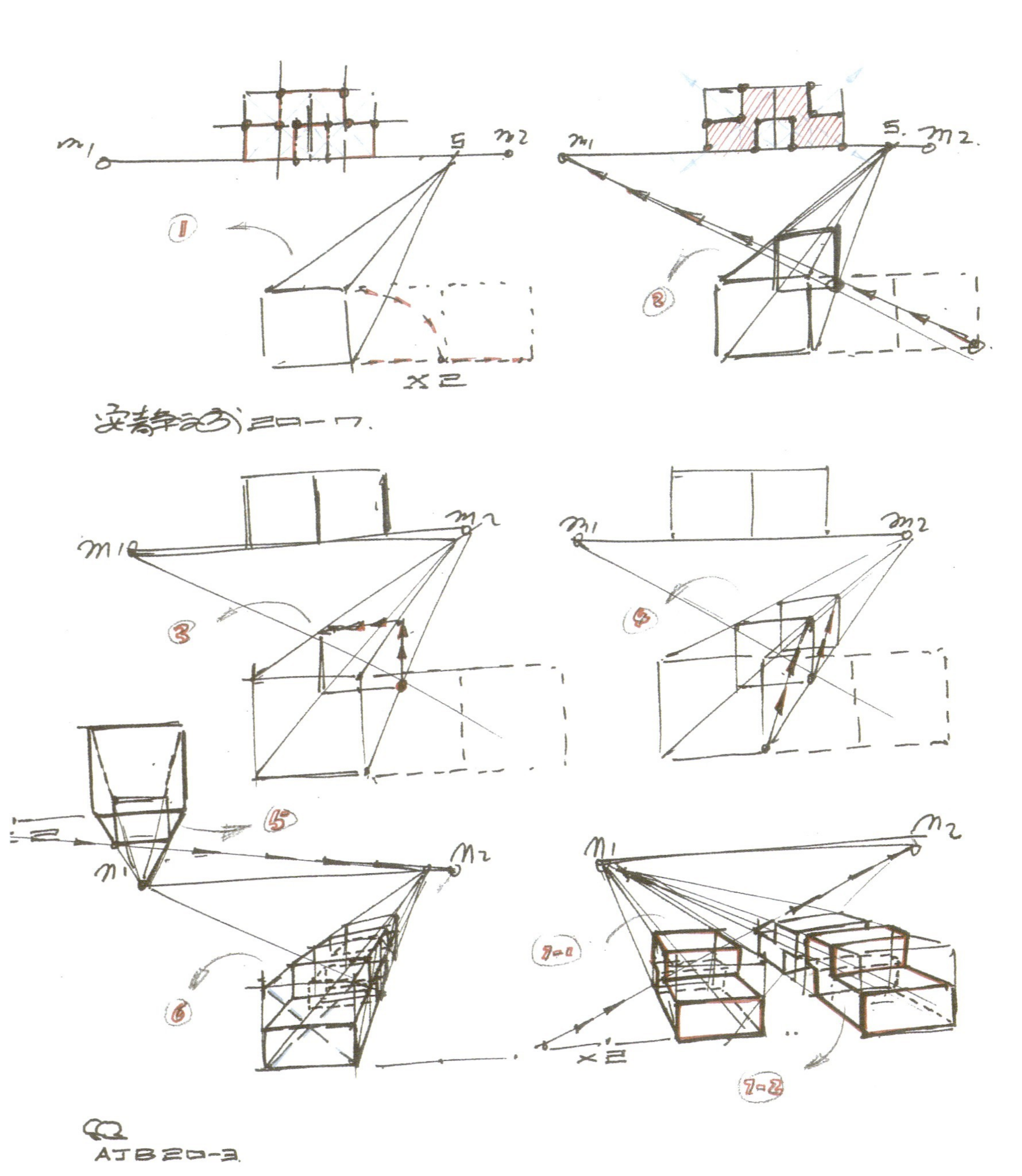

图 2-56

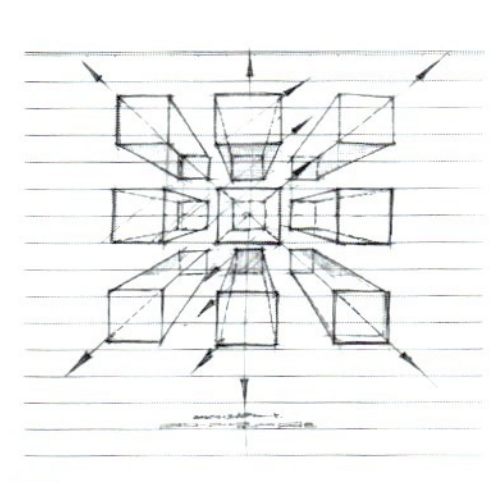
图 2-57

③在距离方形右下侧顶点一个长方体深度的位置连接距点，确定长方体透视纵深距离。

④绘制出长方体。

初学者可以从同一长方体不同位置的一点透视开始练习，并在练习的过程中体会不同方位的长方体透视形态变化（图 2–57、图 2–58）。

在掌握一点透视的形体变化规律之后，将进一步运用到实际表达中。例如，先将产品的外接立方体透视绘制出来，再在立方体中去勾勒产品外形并进一步完善（图 2–59）。

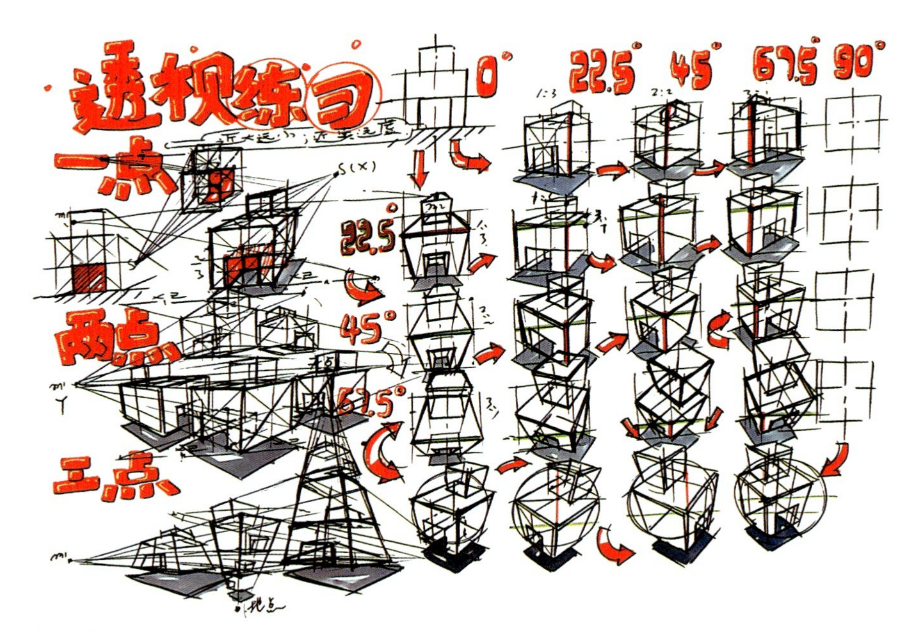

图 2-58

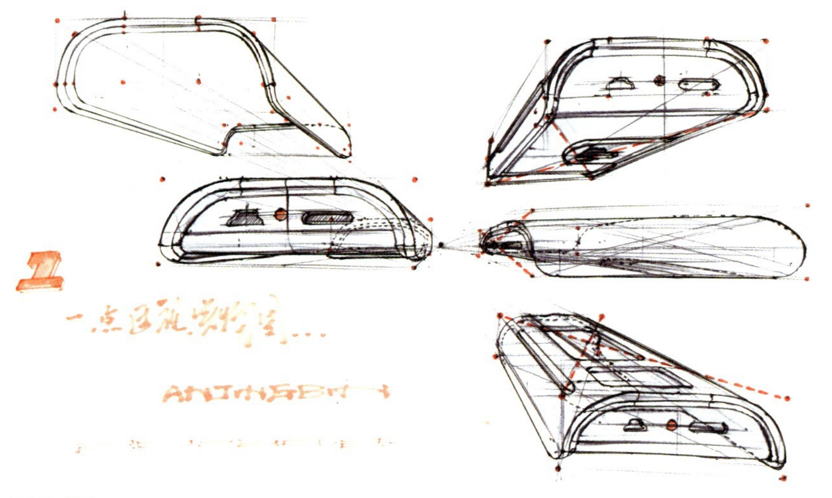
图 2-59

2.2.2 两点透视

当立方体只有一组棱线（通常为高度）平行于画面时，则长与宽两组的棱线各向左、右方向延伸，相交于视平线上的两个灭点。因为物体的正、侧两个面均与画面成一定的角度，并在视平线上有两个灭点，故称为“两点透视”。两点透视能较全面地反映物体几个面的情况，且可以根据构图和表现的需要自由地选择角度。透视图形立体感较强，故为效果图中应用最多的透视类型。常用的透视角度有 45°、30° 和 60°。

立方体两点透视 45° 画法如下（图 2-60）：

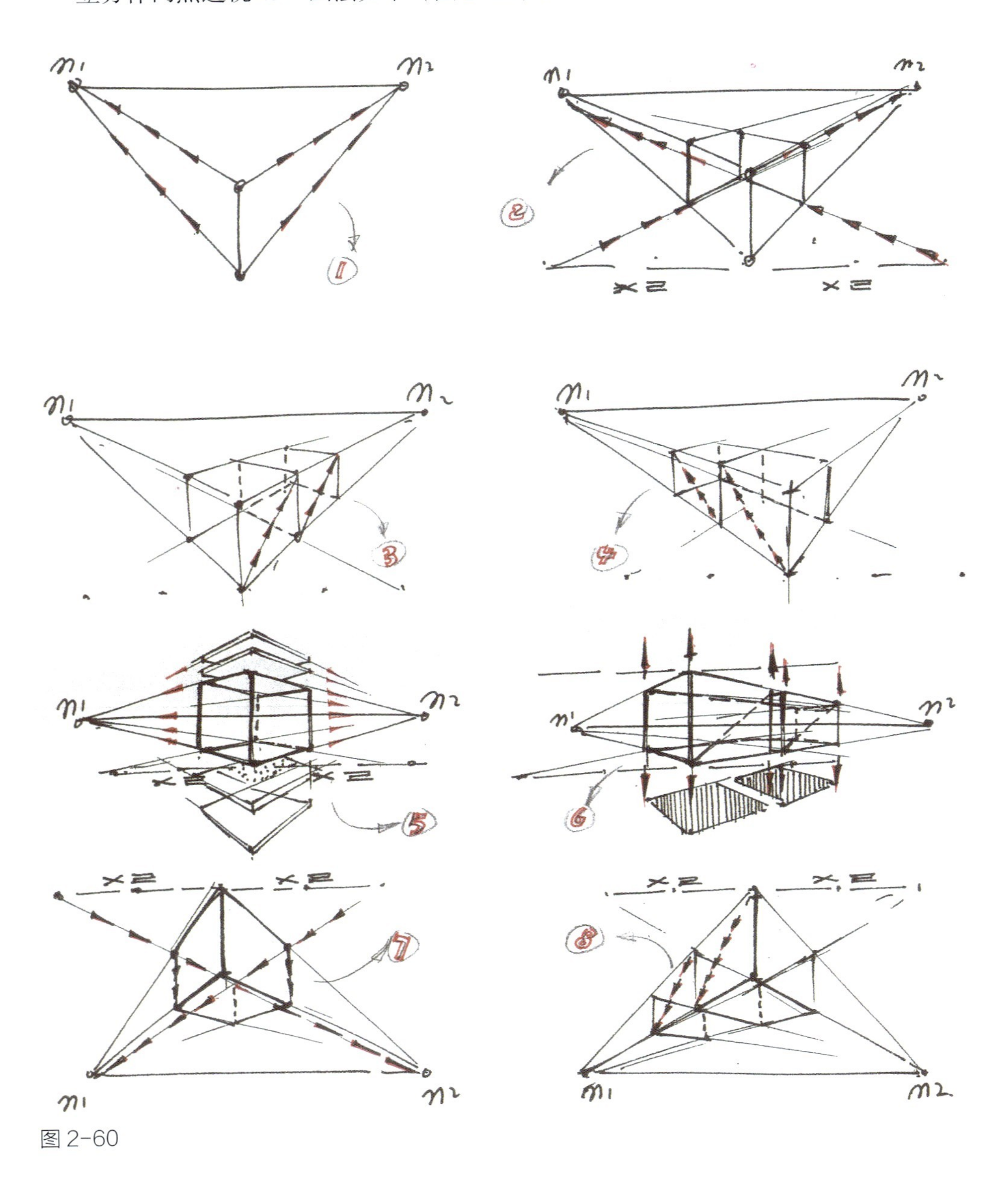

图 2-60

①画一条水平线（视平线），并定出线上的主点。

②在主点左右两侧相同距离确定左右两个灭点。

③在视平线下方画一条水平线（基线），在基线上任意确定立方体最近角的顶点。

④从该顶点分别连接左右两个灭点。

⑤从顶点左侧 1.4 倍立方体边长处连接右侧灭点，从顶点右侧 1.4 倍边长处连接左侧灭点。

⑥过顶点向上作长度为立方体边长的垂线。

⑦过垂线上顶点连接左右两个灭点。

⑧从立方体其余四个顶点引垂线完成立方体透视图。

立方体两点透视 30° 和 60° 画法如下：

①画一条水平线（视平线），并定出线上的主点。

②在主点左侧 *l* 距离处确定左侧灭点，在主点右侧 3 *l* 处确定右侧灭点。

③在视平线下方画一条水平线（基线），在基线上任意确定立方体最近角的顶点。

④从该顶点分别连接左右两个灭点。

⑤从顶点左侧两倍立方体边长处连接右侧灭点，从顶点右侧 2/3 倍边长处连接左侧灭点。

⑥过顶点向上作长度为立方体边长的垂线。

⑦过垂线上顶点连接左右两灭点。

⑧从立方体其余四个顶点引垂线完成立方体透视图。

初学者练习立方体的两点透视时，可以从同一立方体同一角度、同一位置重复绘制开始（图 2–60），到同一立方体同一角度、不同位置的练习（图 2–61），最后是同一立方体不同角度、不同位置的练习（图 2–62、图 2–63），同时也可以利用中点对形体进行快速分割（图 2–64）。

2.2.3 圆的透视

任何曲线的透视绘制大原则都是直中求曲、方中求圆，圆的透视最常见的画法如下（图 2–65、图 2–66）：

①利用长方体的透视画法先确定圆的外接正方形的透视图。

②连接正方形的对角线与中线，利用图中（图 2–65）的比例关系找到圆形与外接正方形对角线和中线的八个交点。

③用光滑的曲线连接八个交点，即完成圆的透视。

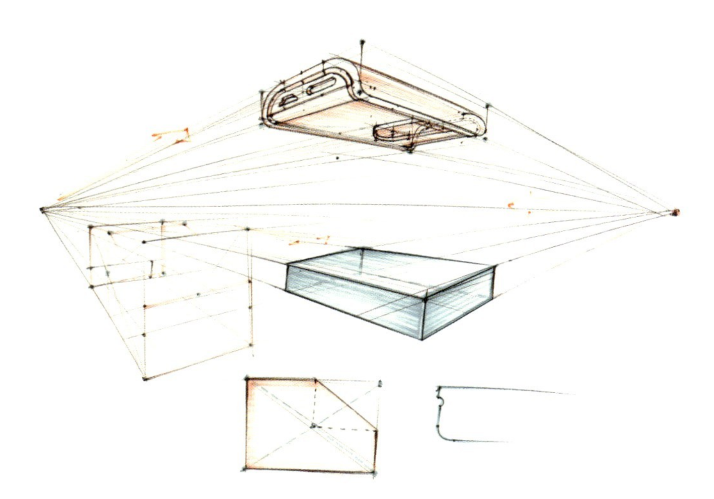

图 2-61

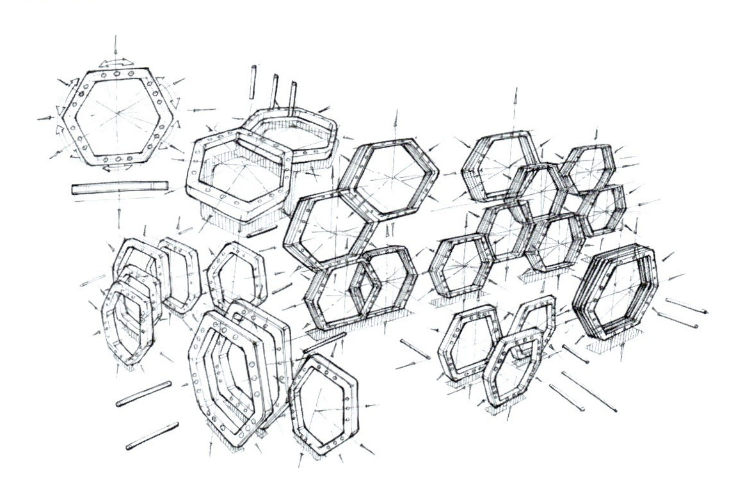

图 2-62

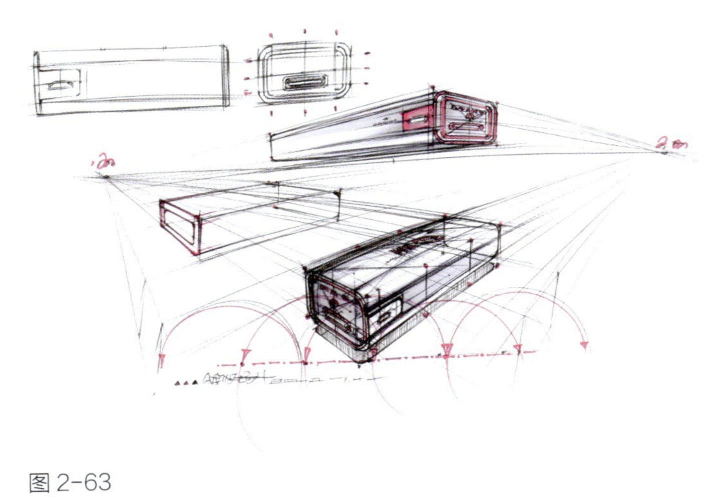

图 2-63

图 2-64

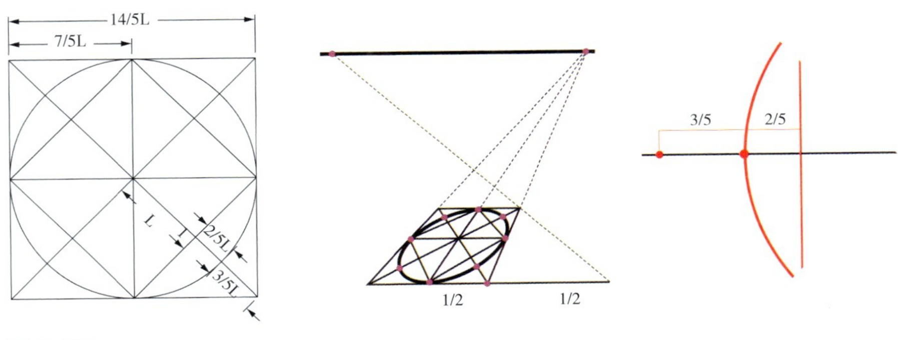

图 2-65

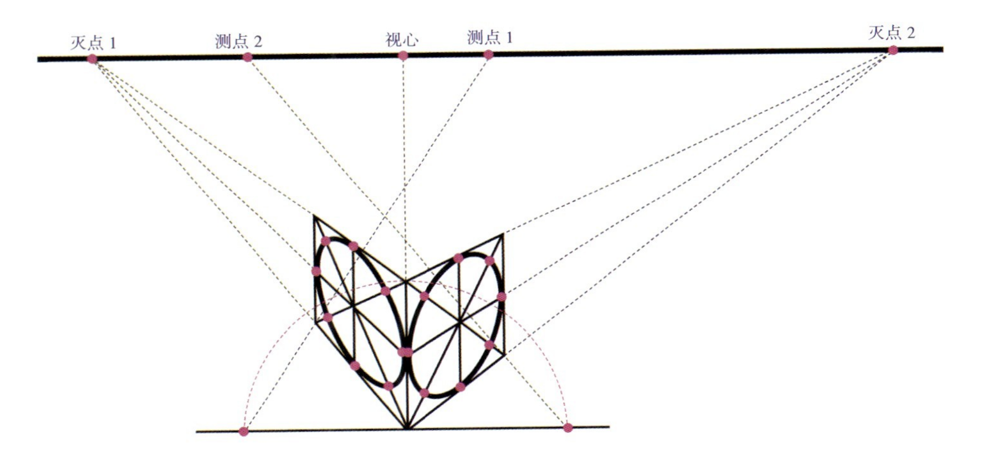

图 2-66

画图时，除了透视要准确外，透视角度的选择要注意以下三点：

①选择能够最大限度地展现产品主要特征和细节的视角。

②选择有助于确定产品比例尺度的角度。

③选择能引起观者兴趣的角度。

2.2.4　立方体快速加减法

（1）加减法的练习

立方体的快速加减法主要是利用正方形对角线交点和中线交点均在正方形中心的特点，可以快速地在已有立方体基础上进行增加立方体或者分割立方体（图 2–67—图 2–73）。

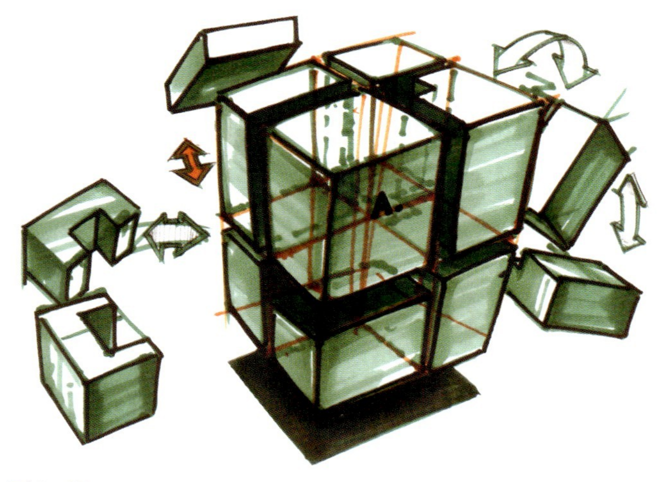

图 2-67

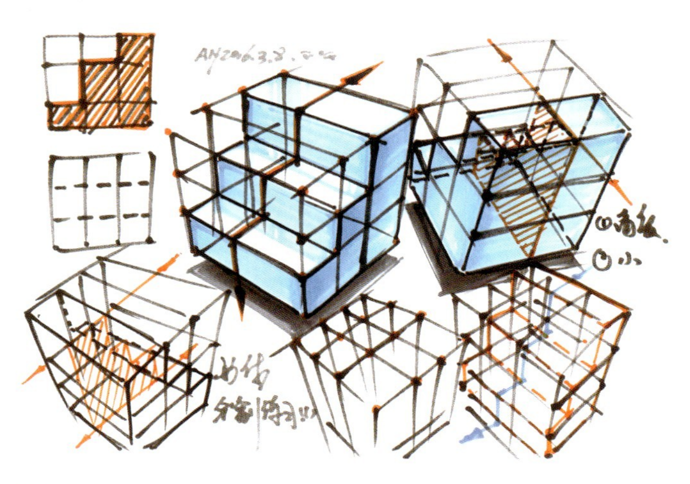

图 2-68

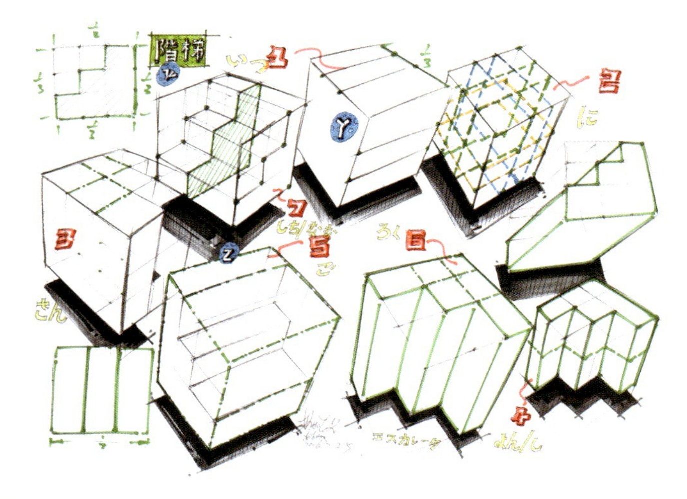

图 2-69

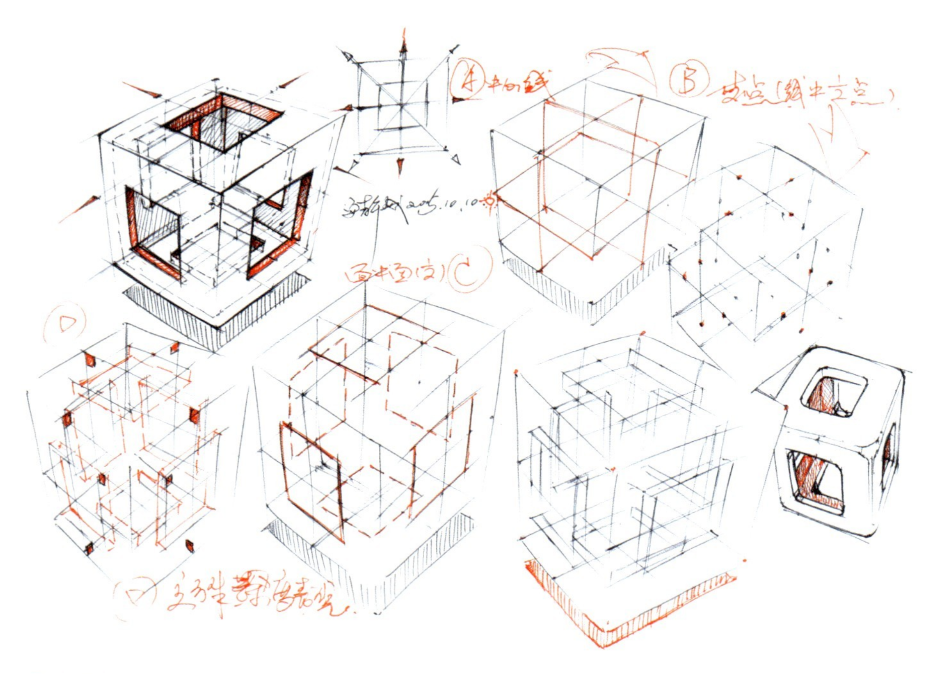

图 2-70

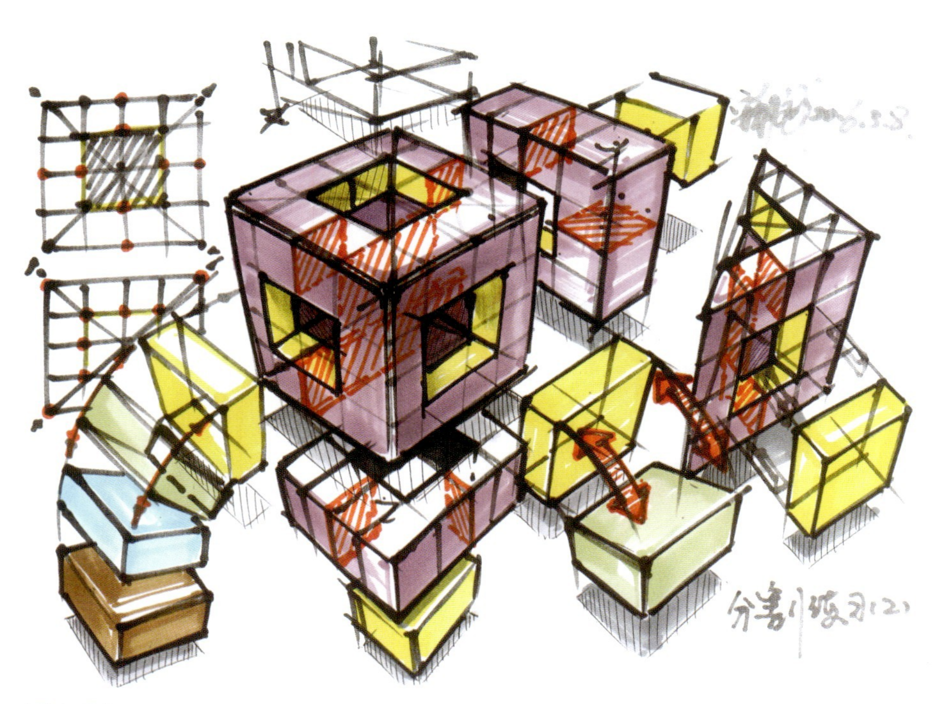

图 2-71

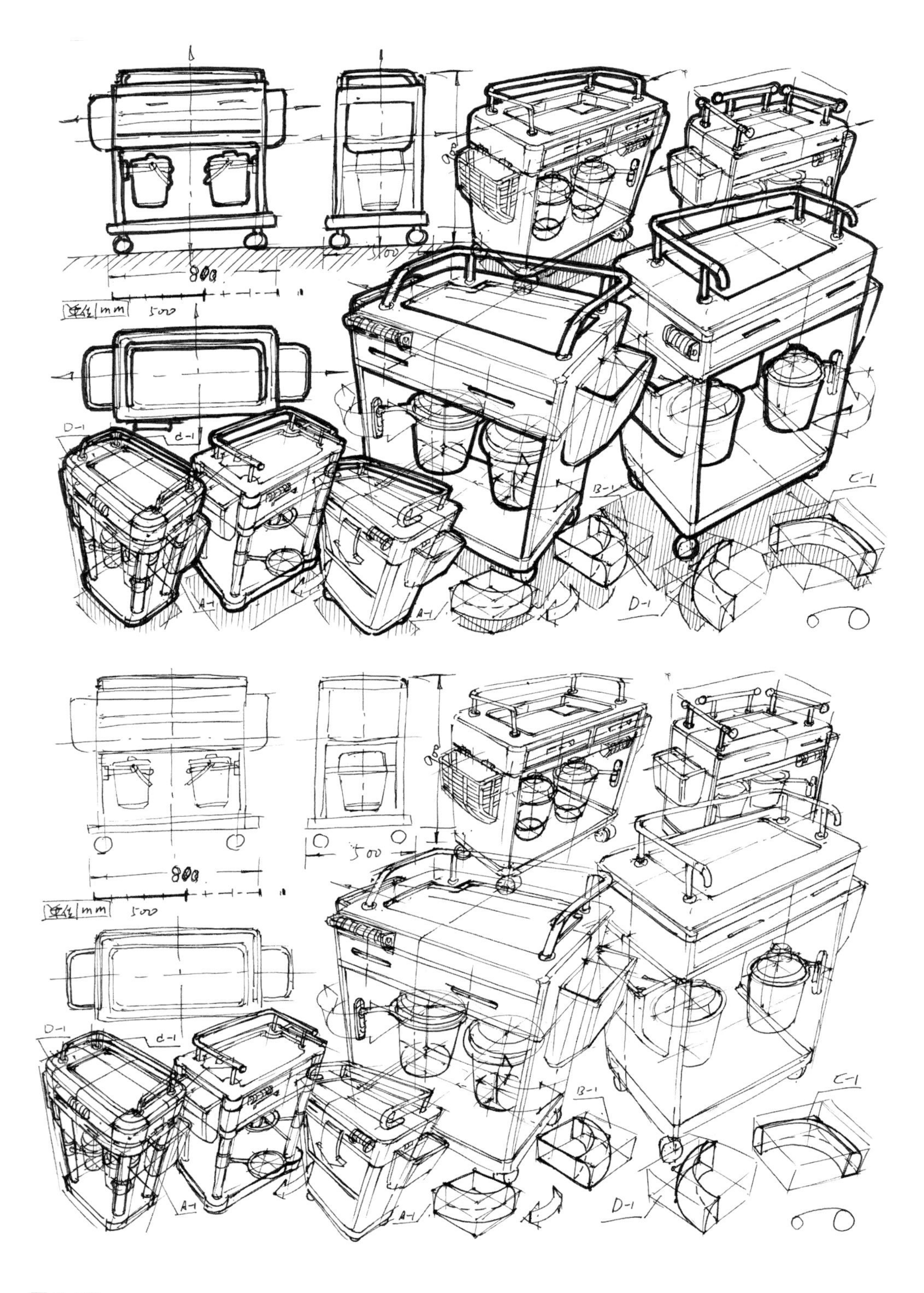

图 2-72

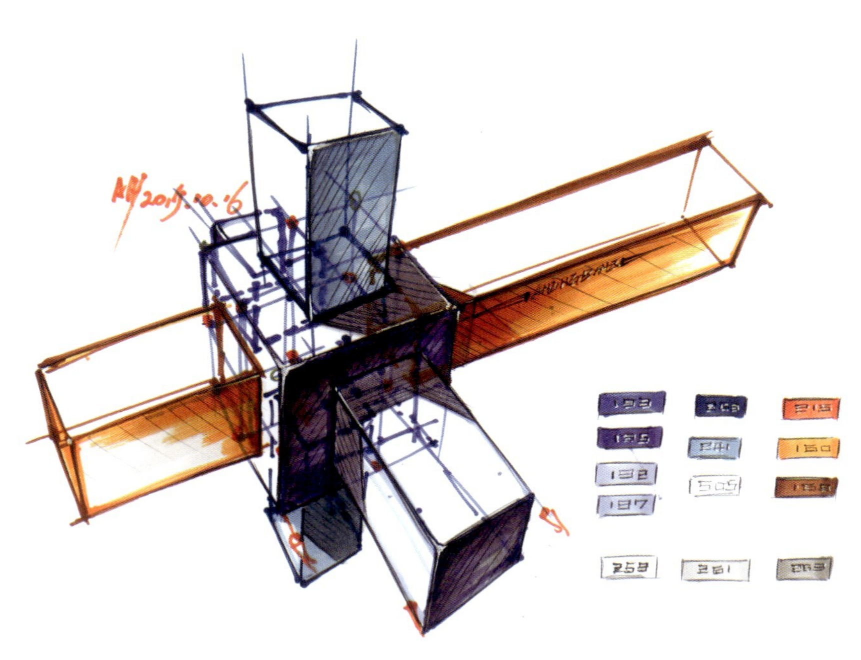

图 2-73

（2）立方体角度转动

立方体的角度转动，包括盒体的开盖、门的转动等。由于这些立方体转动的路径为曲线，转动后的透视可以参照圆的透视画法来进行（图 2-74—图 2-84）。

图 2-74

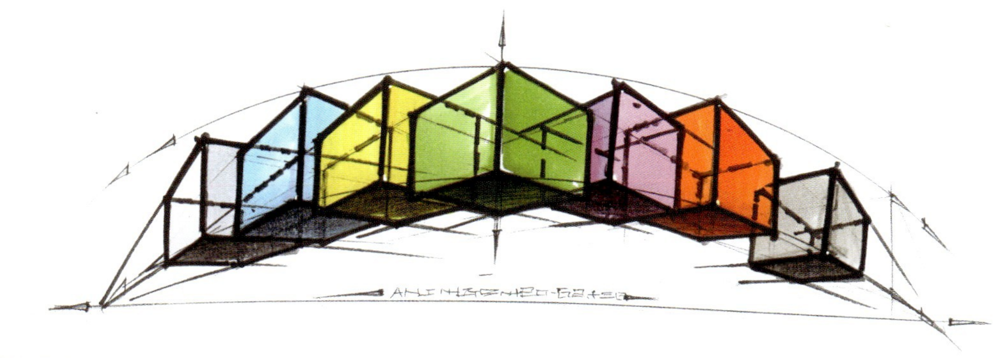

图 2-75

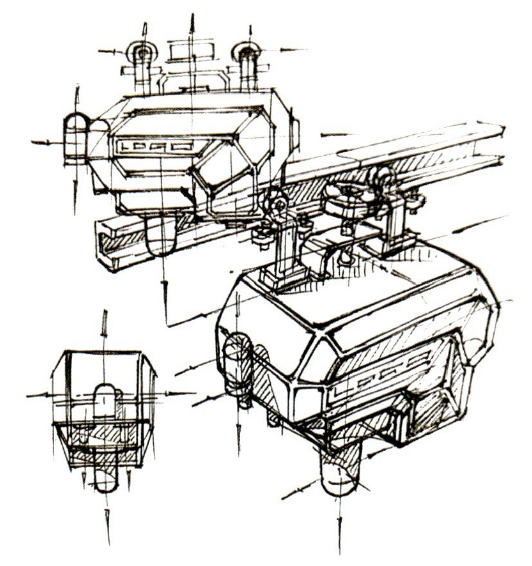

图 2-76

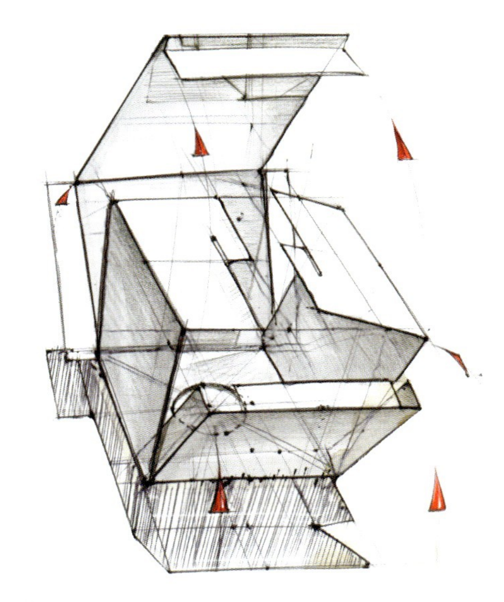

图 2-77

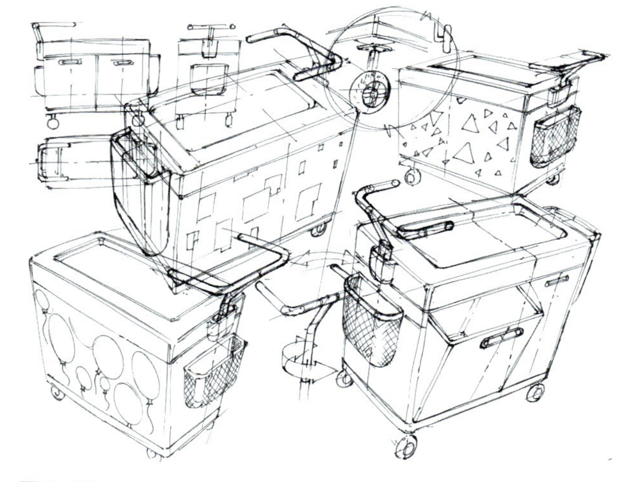

图 2-78

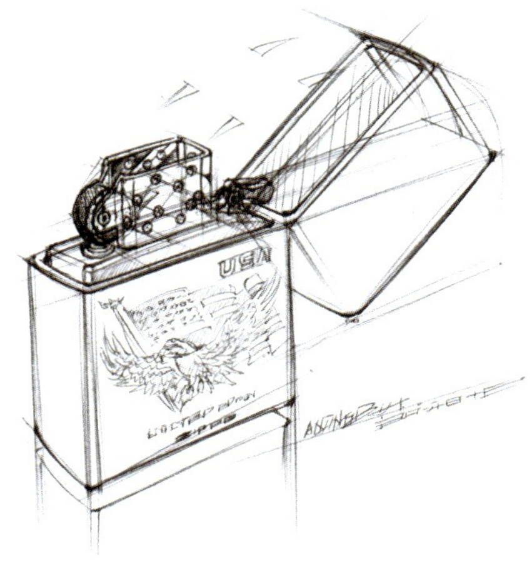

图 2-79

图 2-80

图 2-81

图 2-82

图 2-83

图 2-84

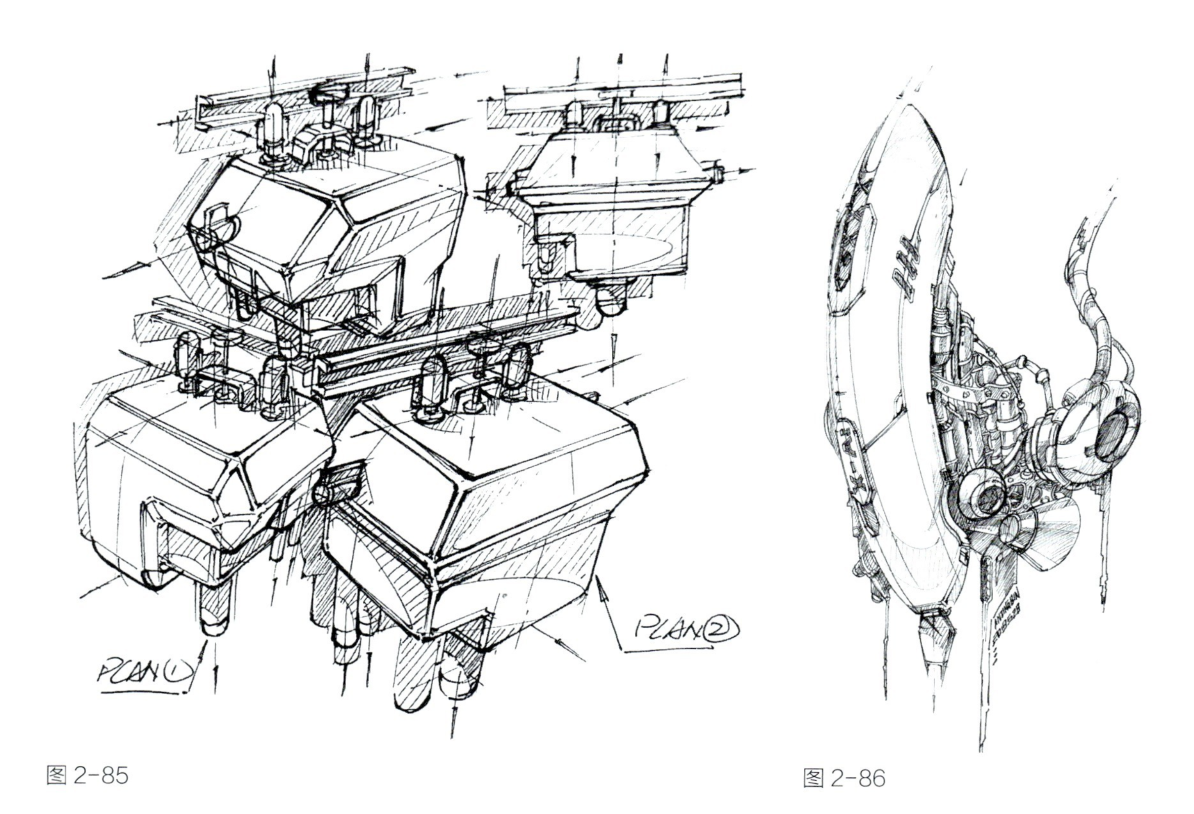

图 2-85

图 2-86

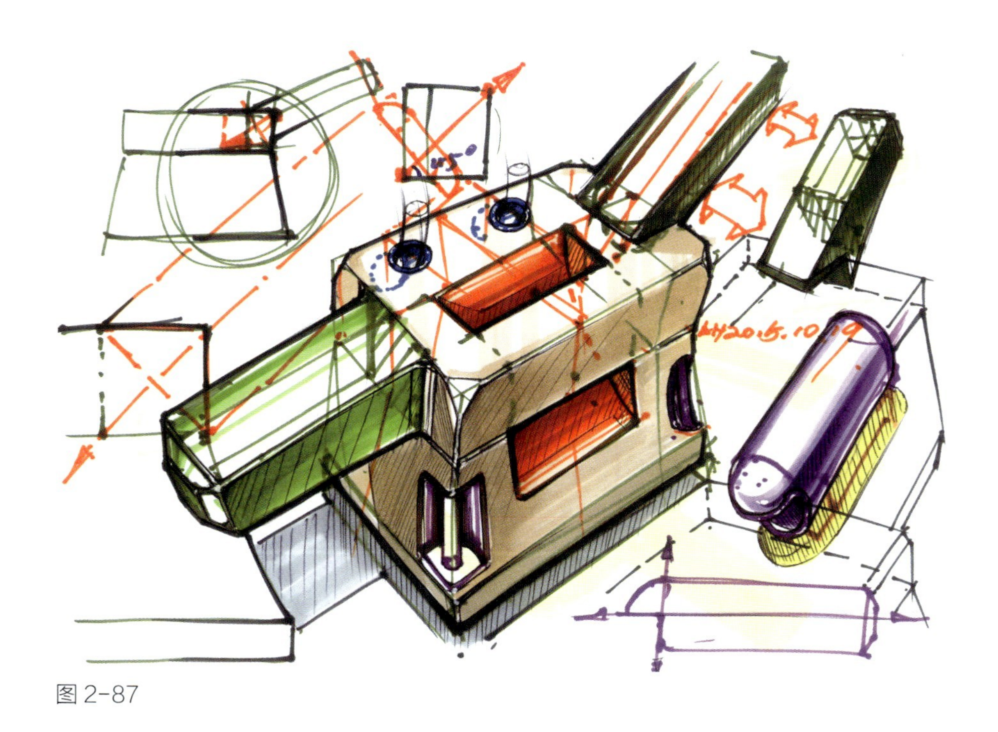

图 2-87

（3）立方体加减法的应用

立方体加减法的应用见图 2-88—图 2-95。

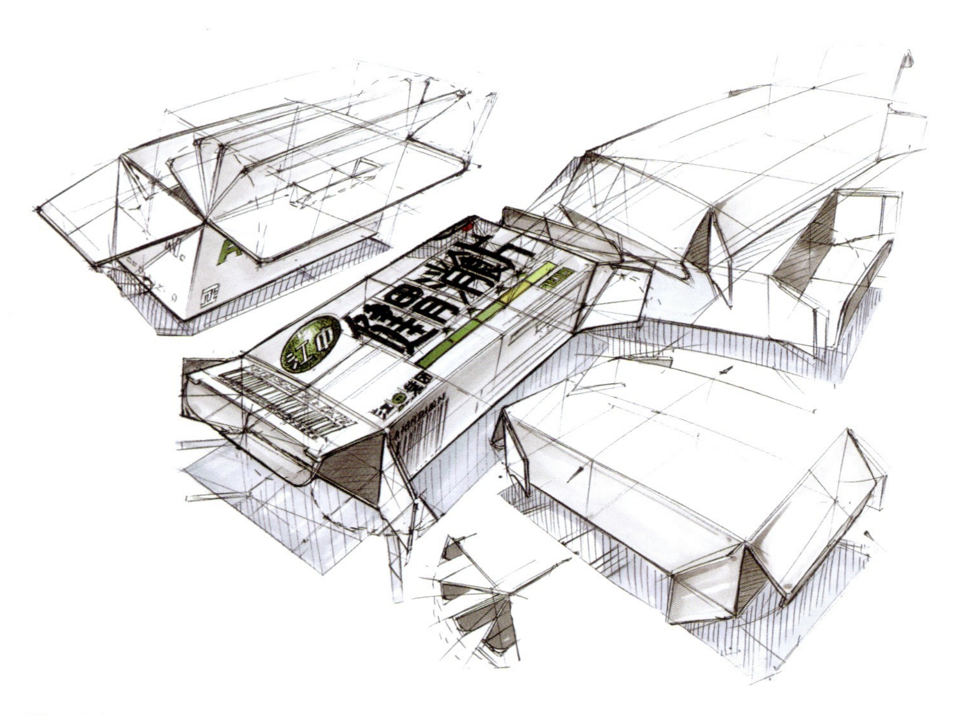

图 2-88

图 2-89

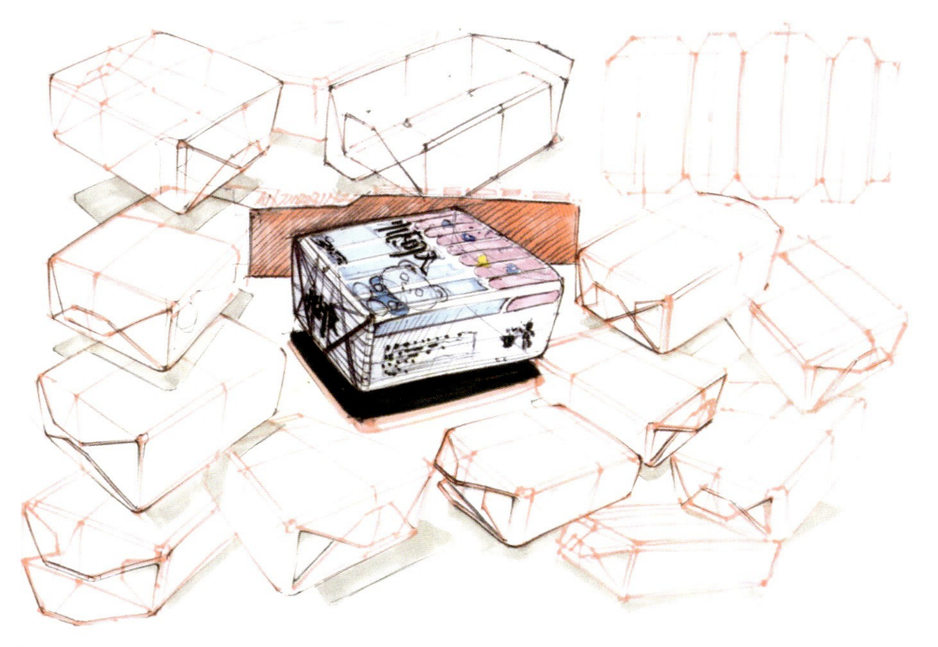

图 2-90

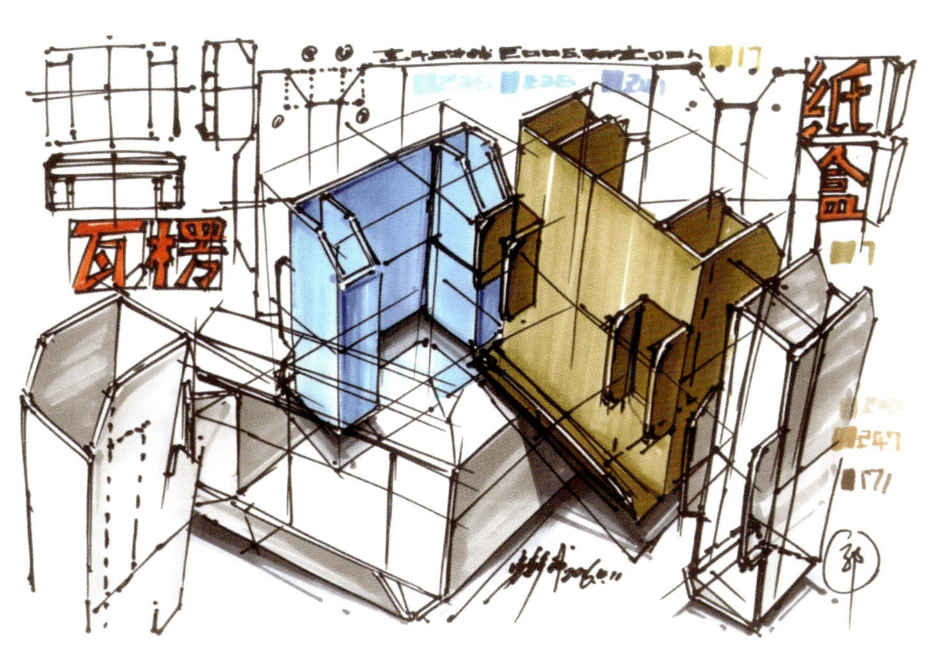

图 2-91

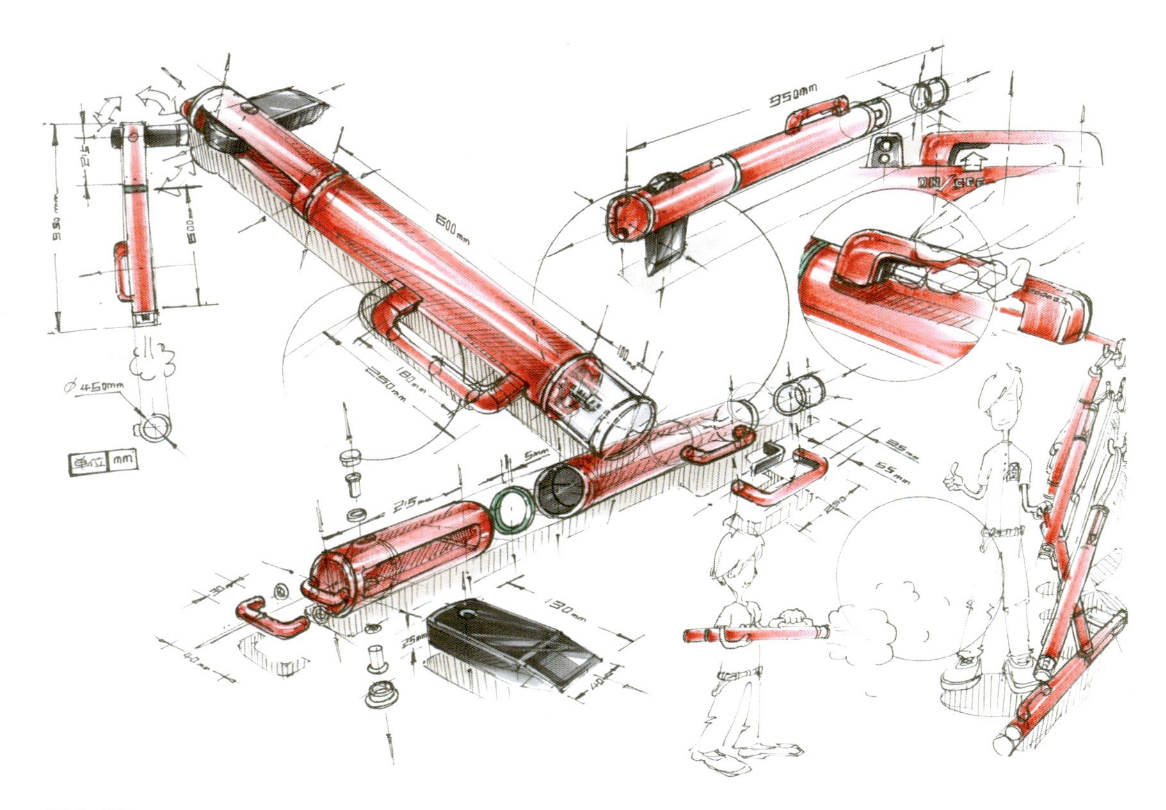

图 2-92

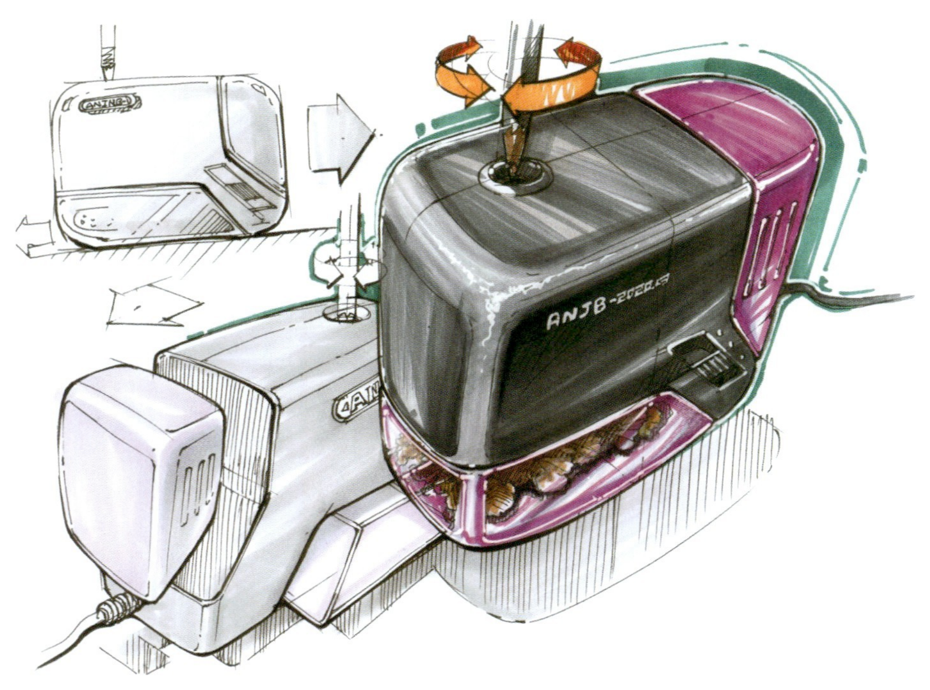

图 2-93

图 2-94

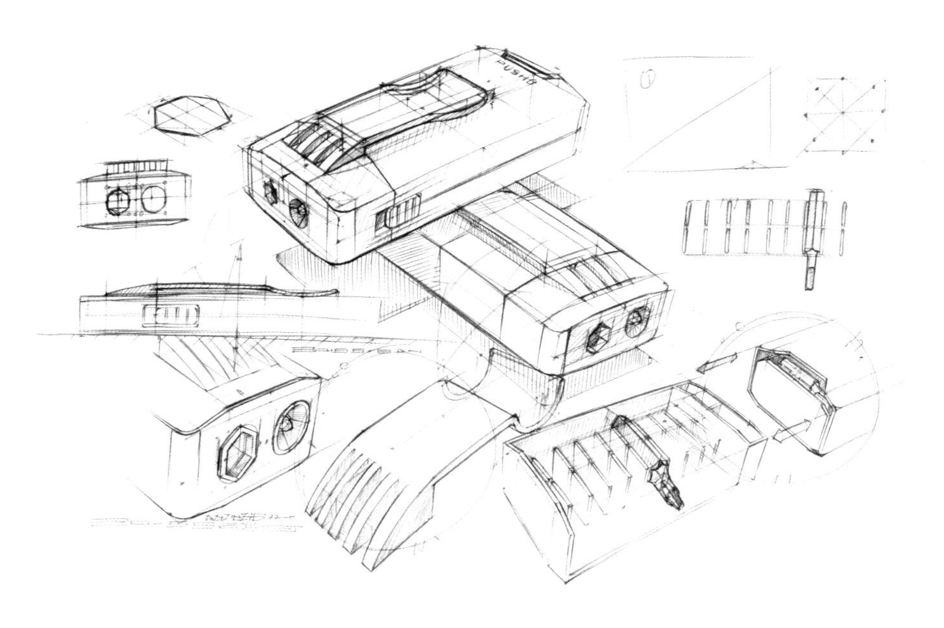

图 2-95

2.3　倒角技法应用

任何产品都存在或大或小的倒角，倒角又分为直线圆角和多次转折直线圆角（图 2–96）。在曲面产品中，还存在曲面的拉伸和旋转的情况。倒角不仅可以让产品的细节更加丰富，而且不同半径的倒角还能体现出不同的造型风格（图 2–97）。

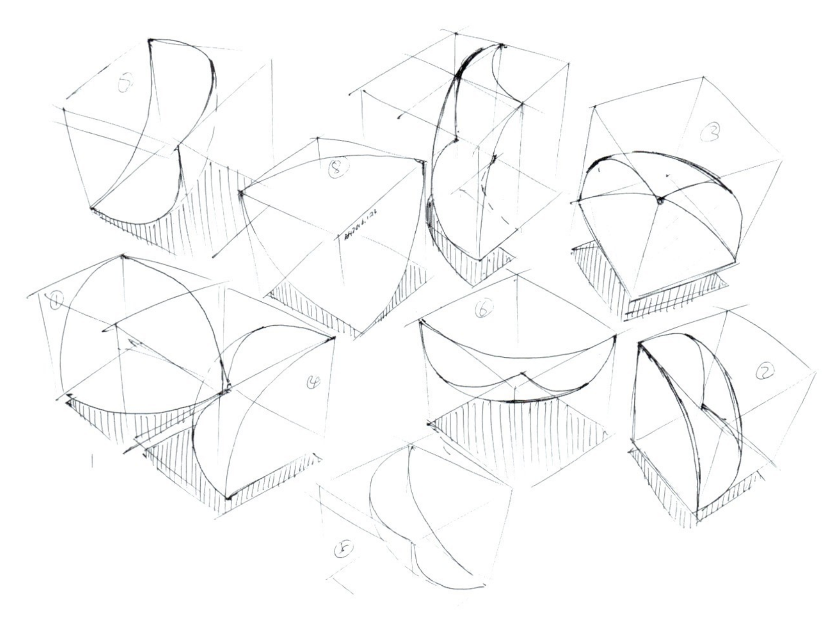

图 2–96

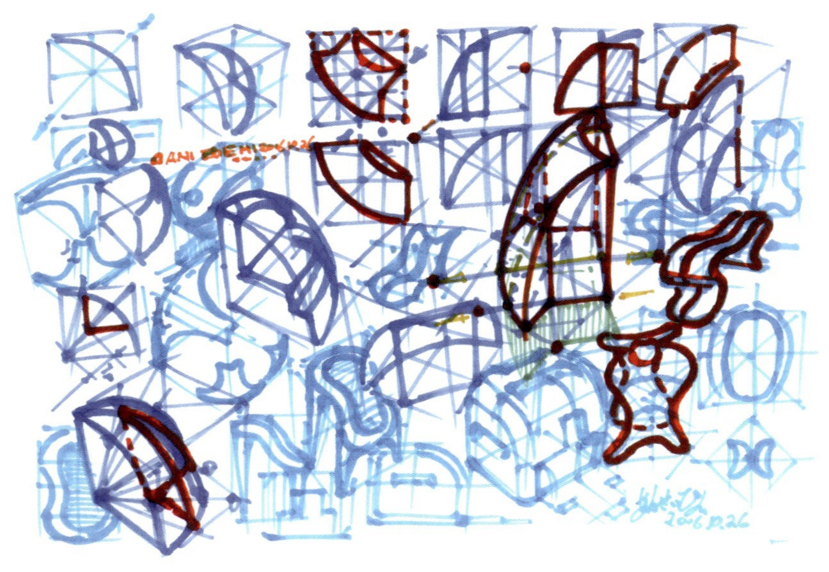

图 2–97

2.3.1 直线圆角与多次转折直线圆角的画法

直线圆角可以看作四分之一的圆形，因此可以借用圆形的画法来绘制直线圆角（图 2–98）。

多次转折直线圆角是与立方体定点相连的两条或三条棱都存在圆角的现象，大部分情况为三条棱存在圆角，两条棱圆角比较少见。在绘制多次转折直线圆角的过程中，需要将不同方向的圆角都画出来，每个方向的圆角画法可借鉴圆形的画法（图 2–99）。

如果三个方向的圆角半径一致，则这个多转折直线圆角面等同于八分之一球面（图 2–100）。

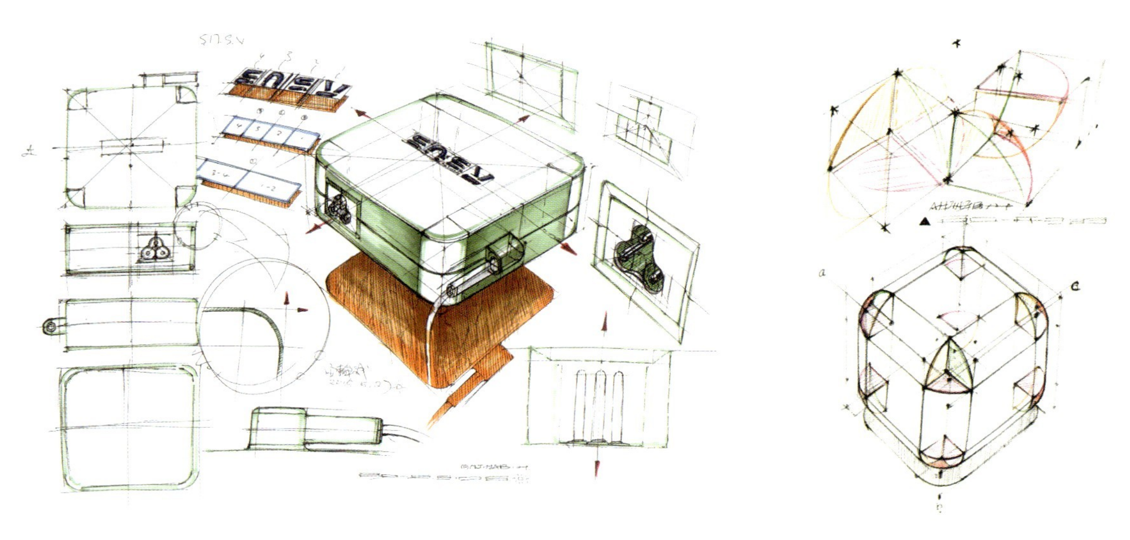

图 2–98

图 2–99

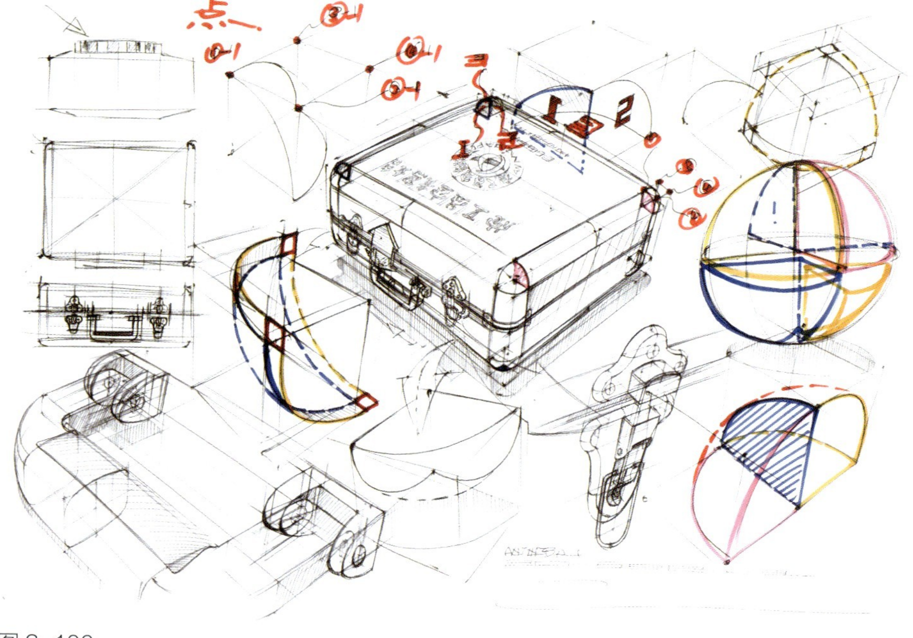

图 2–100

2.3.2 圆角的拉伸和挤压

产品中还存在不同位置、不同半径圆角的情况，绘制此类圆角首先需要找出圆角半径变化的关键位置，并参照圆形的绘制方法绘制每个关键位置的圆角，再根据产品的实际外形用直线或光滑曲线连接（图 2-101—图 2-114）。

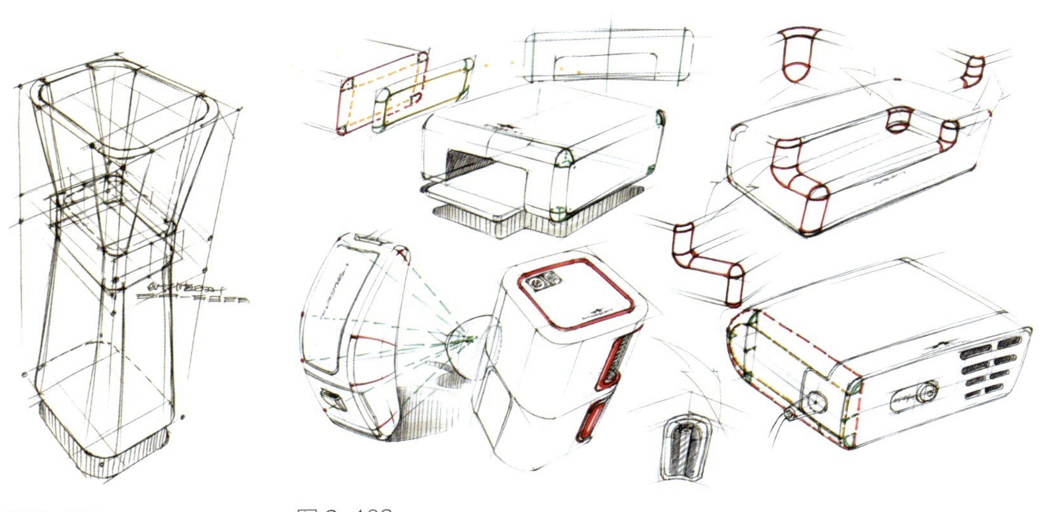

图 2-101　　图 2-102

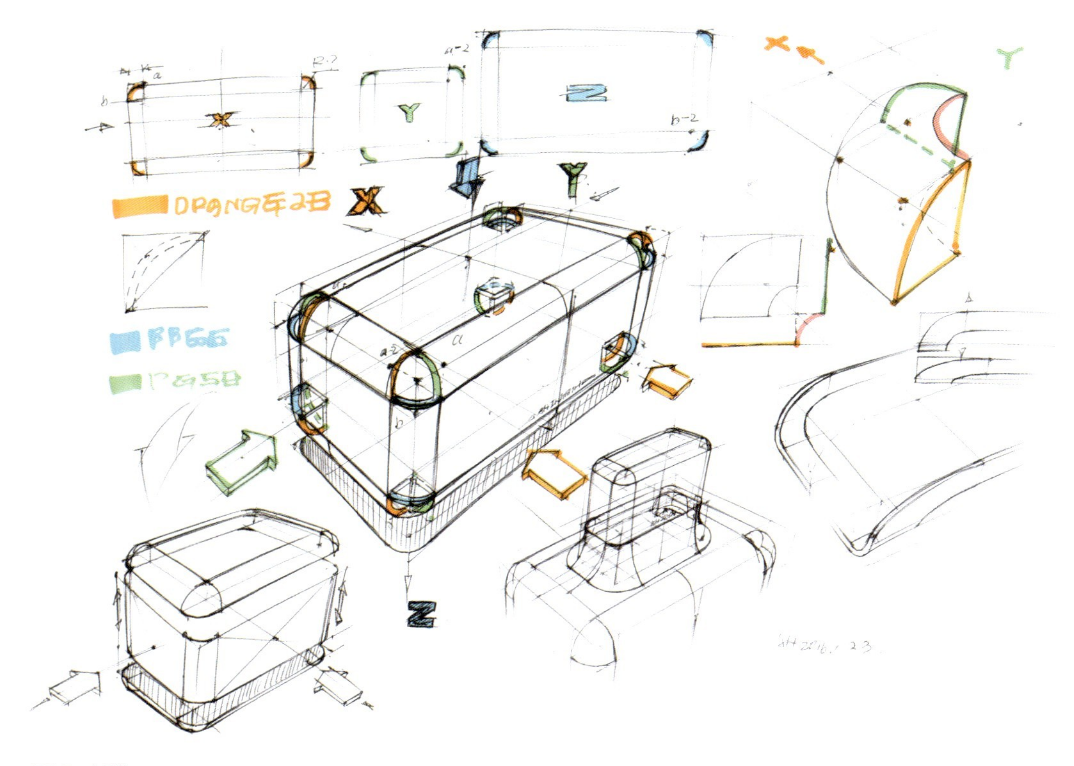

图 2-103

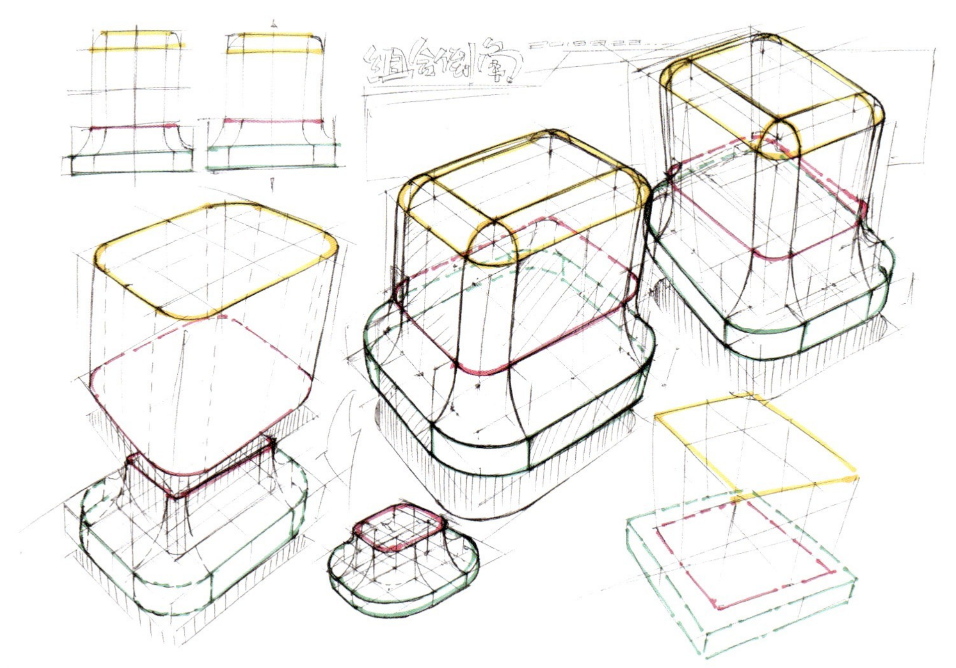

图 2-104

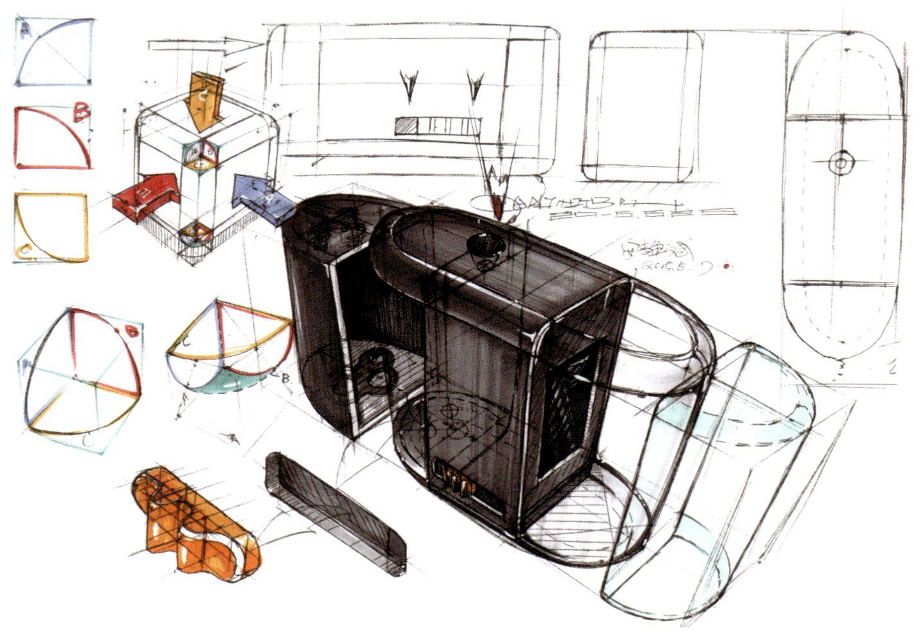

图 2-105

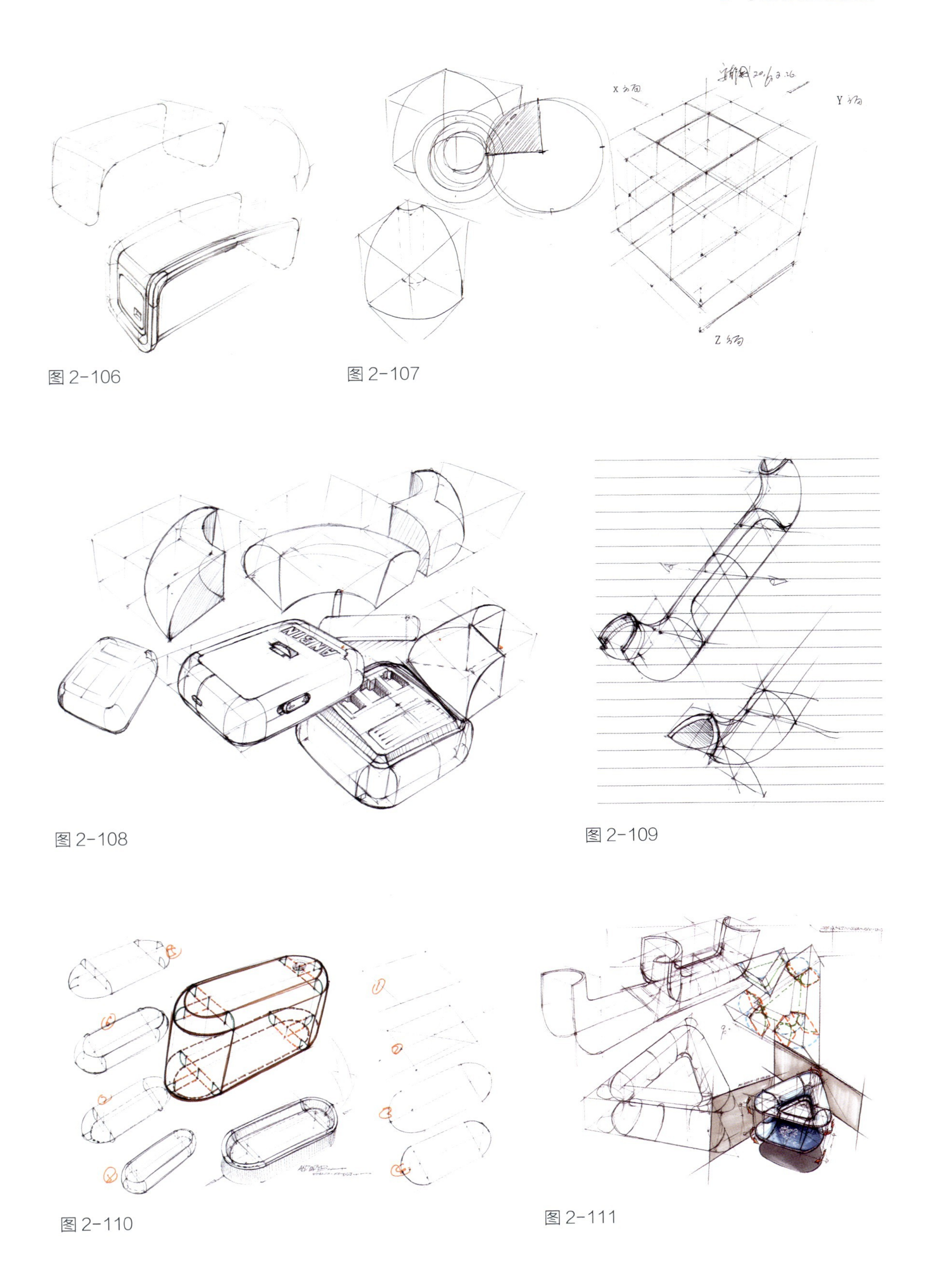

图 2-106

图 2-107

图 2-108

图 2-109

图 2-110

图 2-111

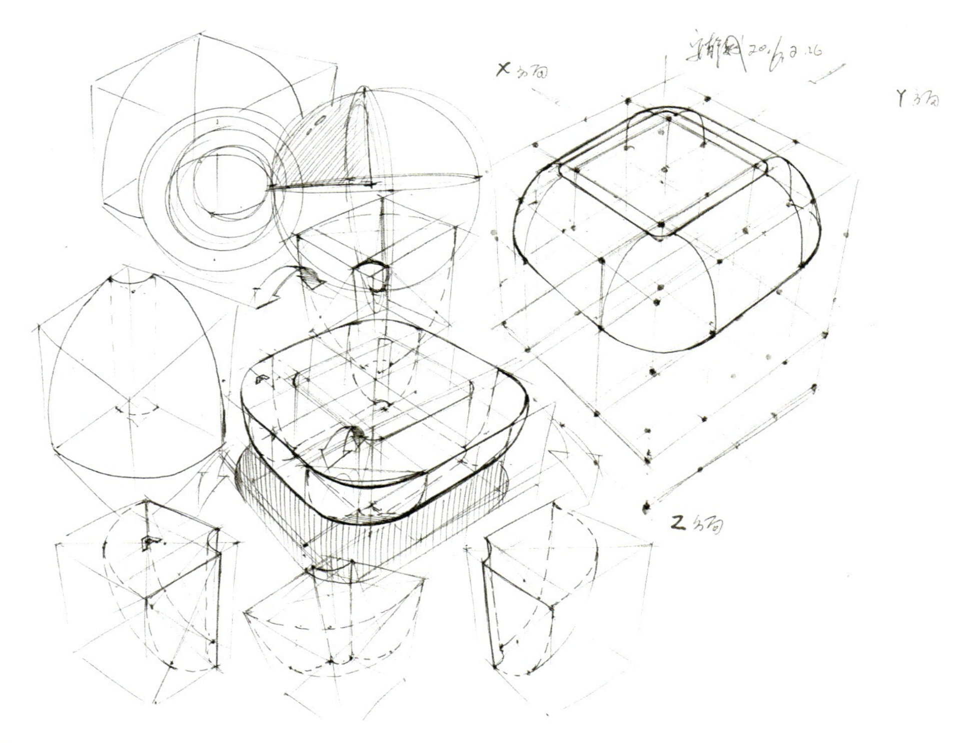

图 2-112

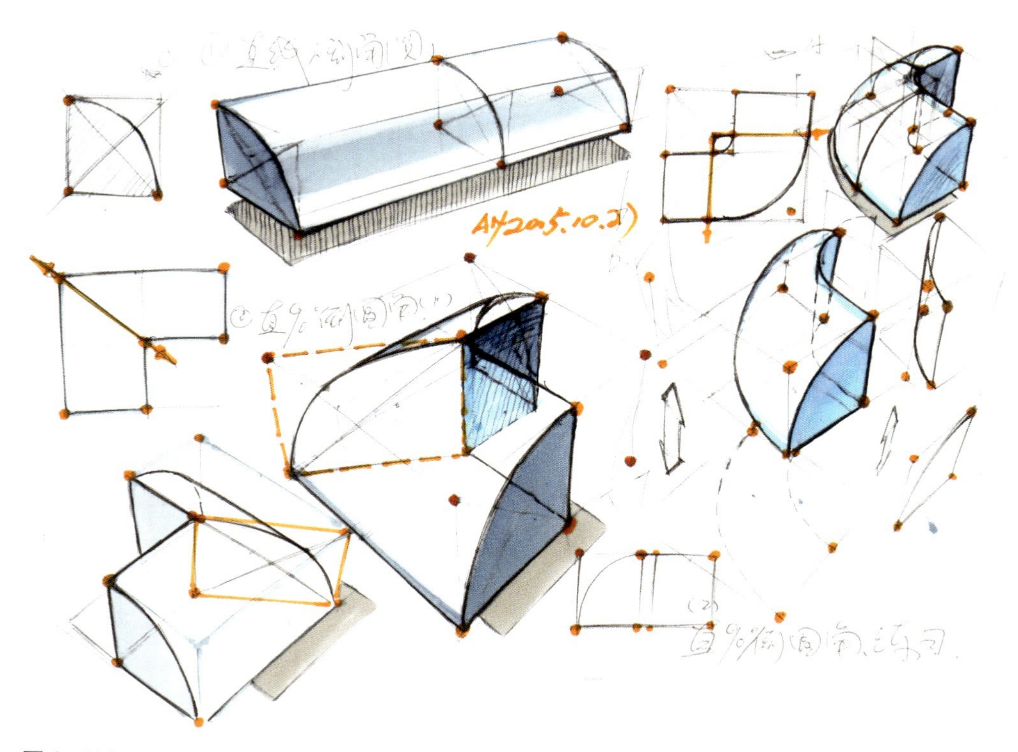

图 2-113

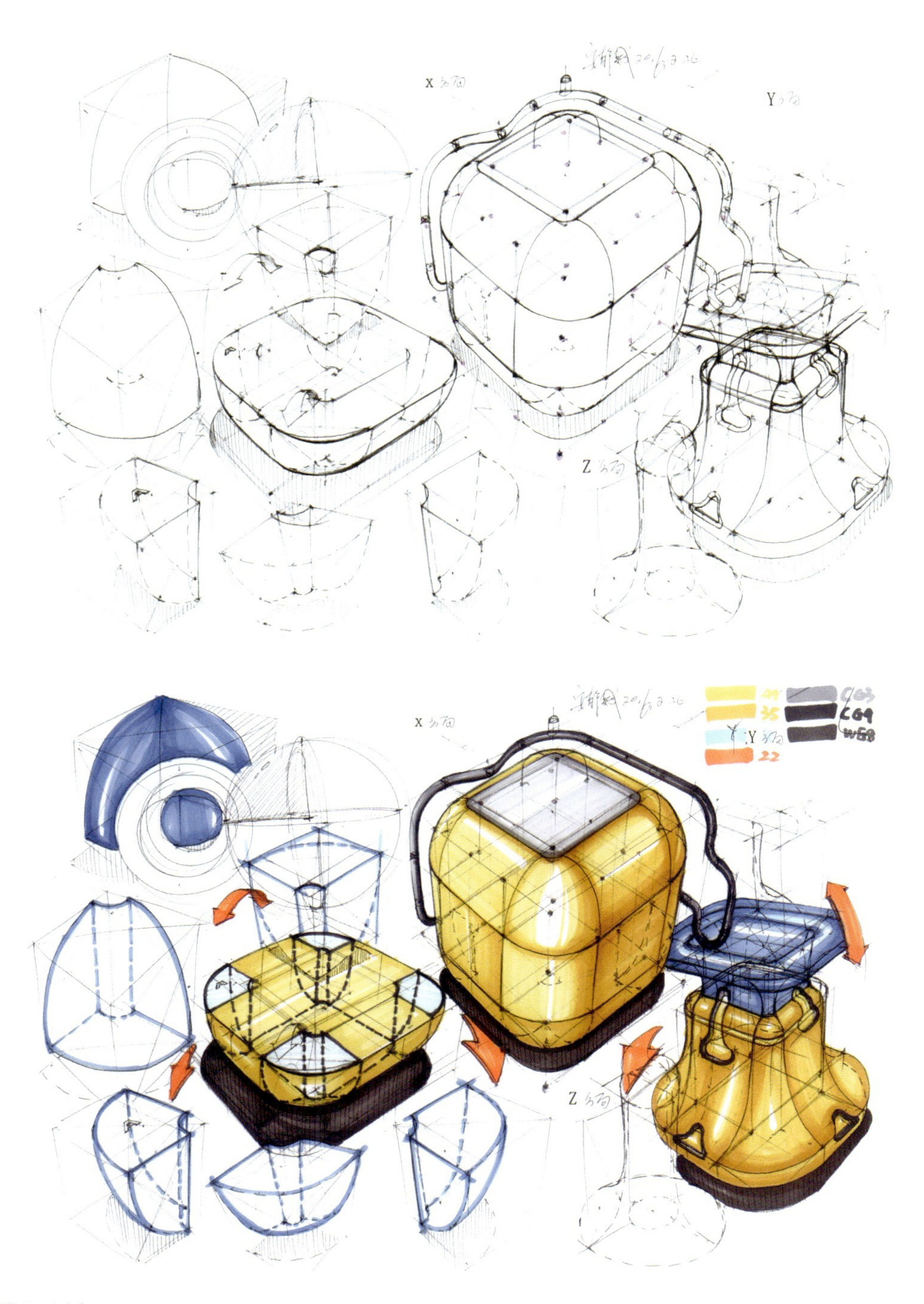

图 2-114

2.3.3 倒角技法的应用

倒角技法在手绘表现中的应用见图 2-115—图 2-133。

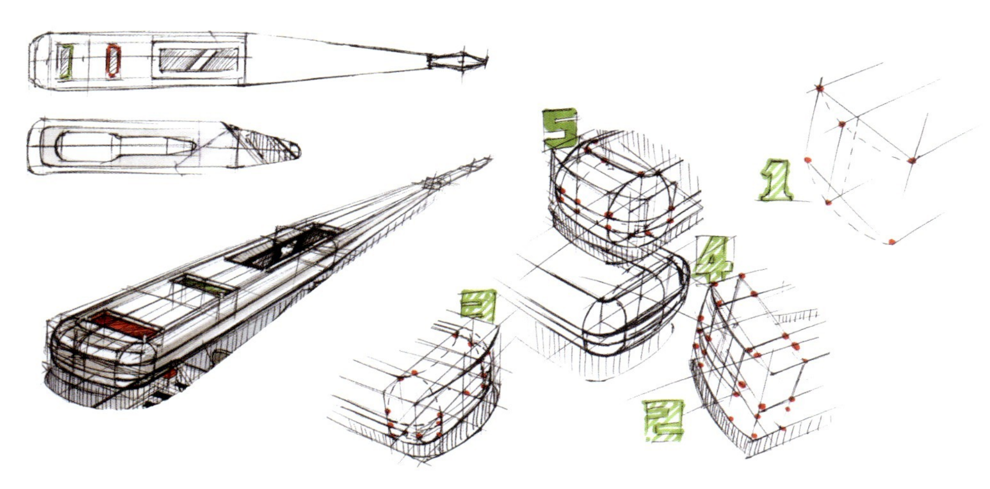

图 2-115

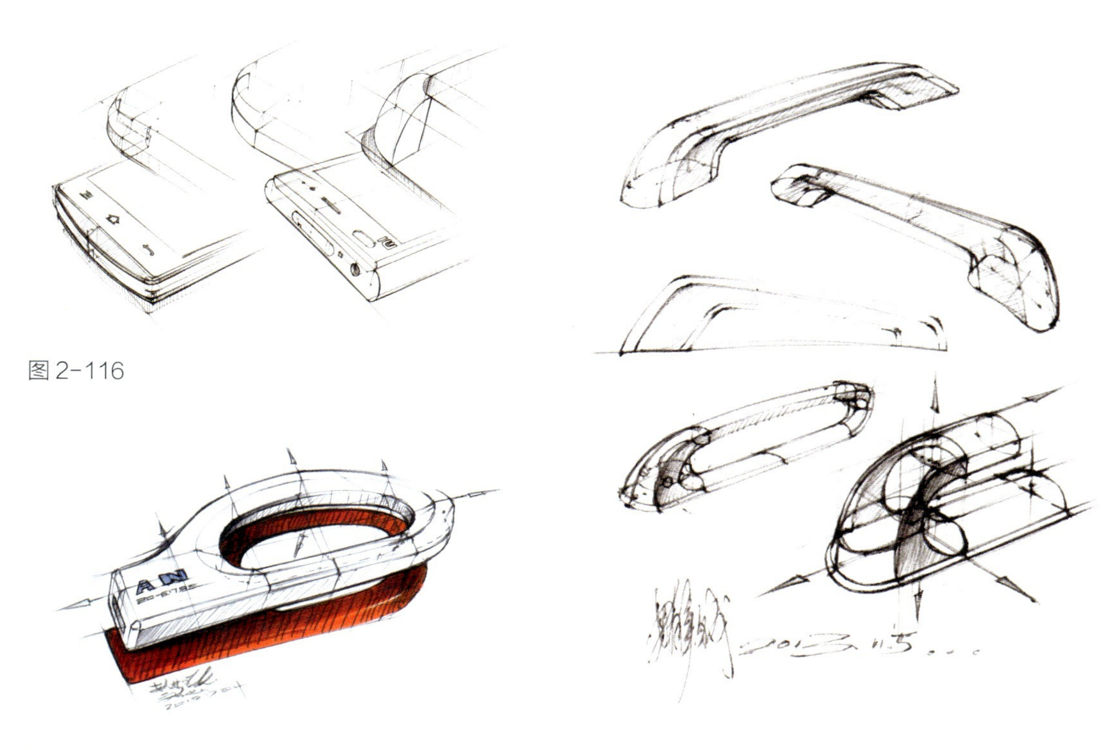

图 2-116

图 2-117

图 2-118

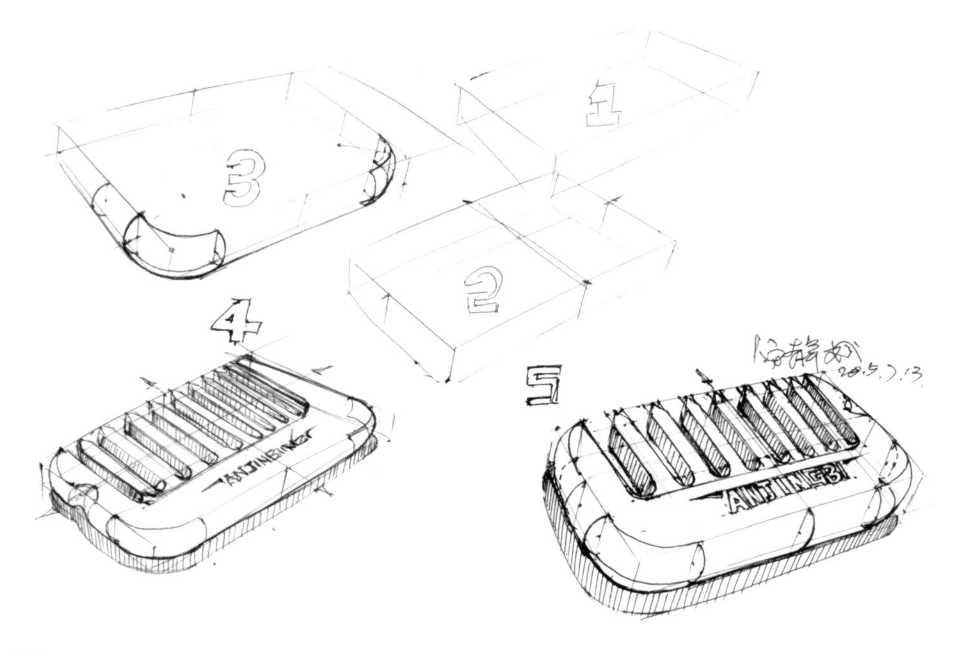

图 2-119

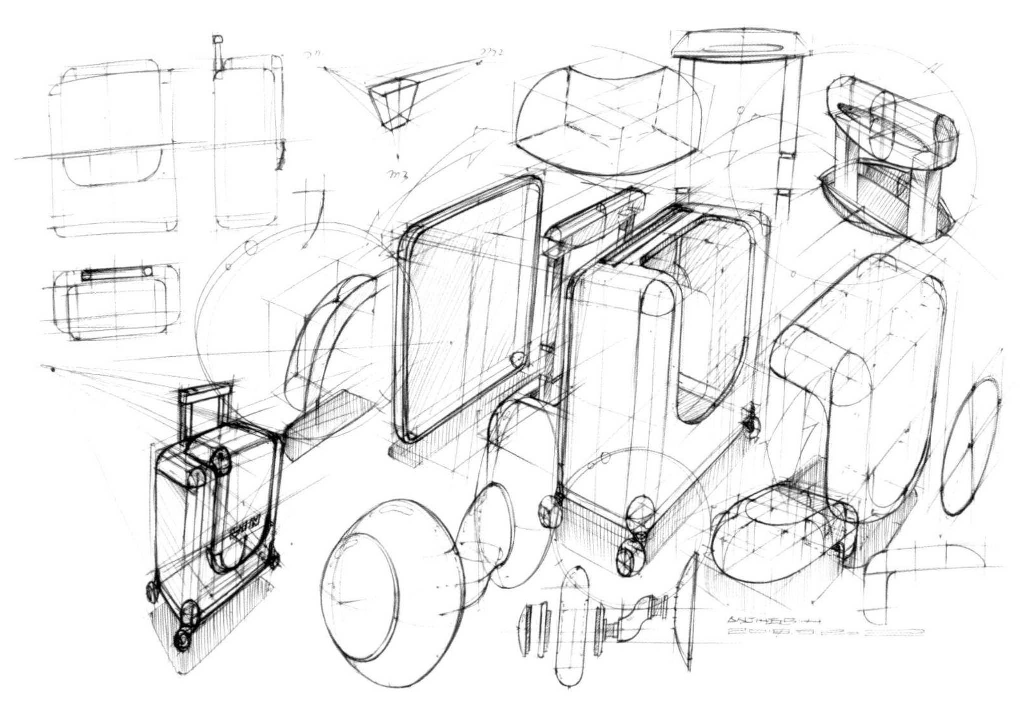

图 2-120

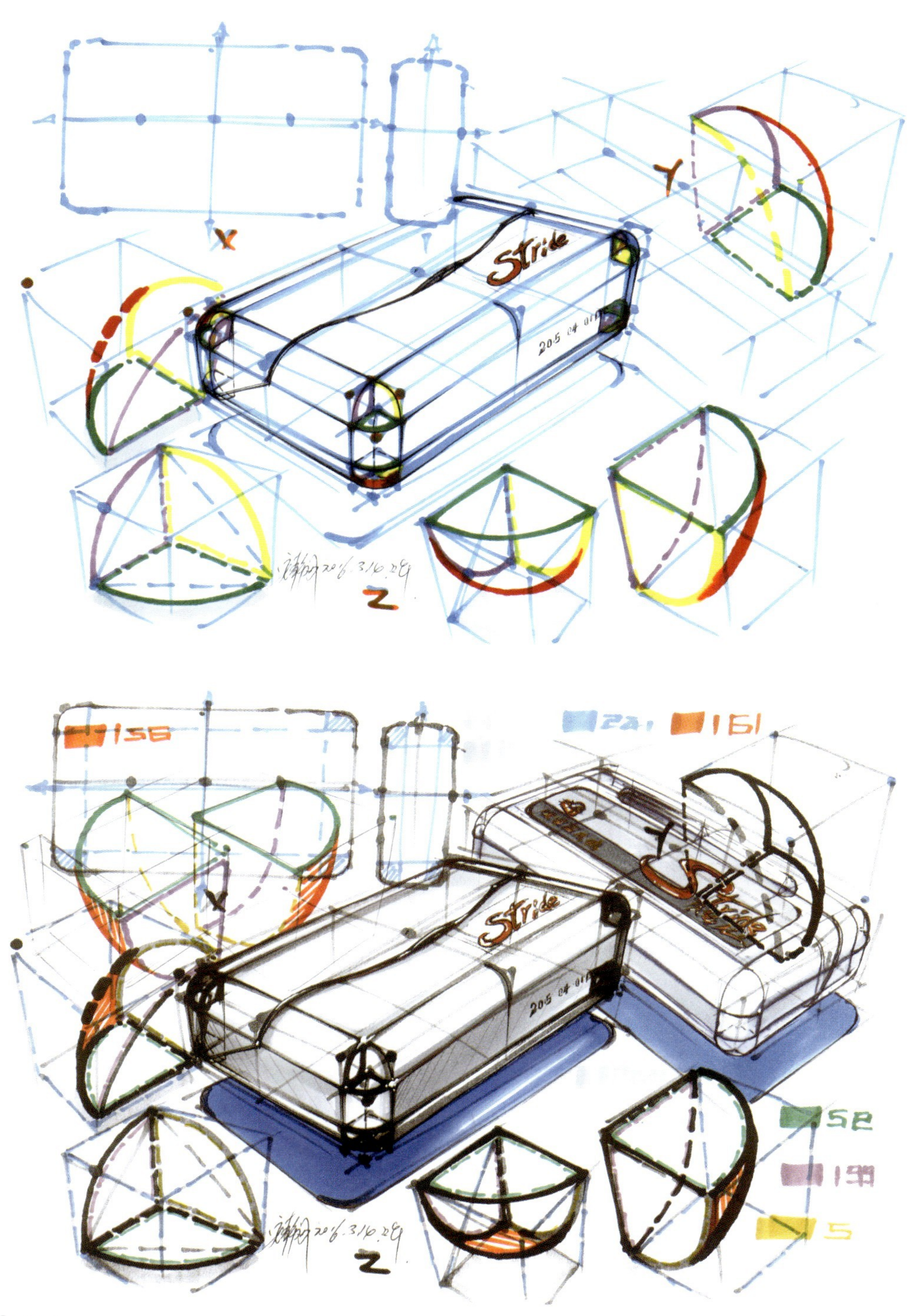

图 2-121

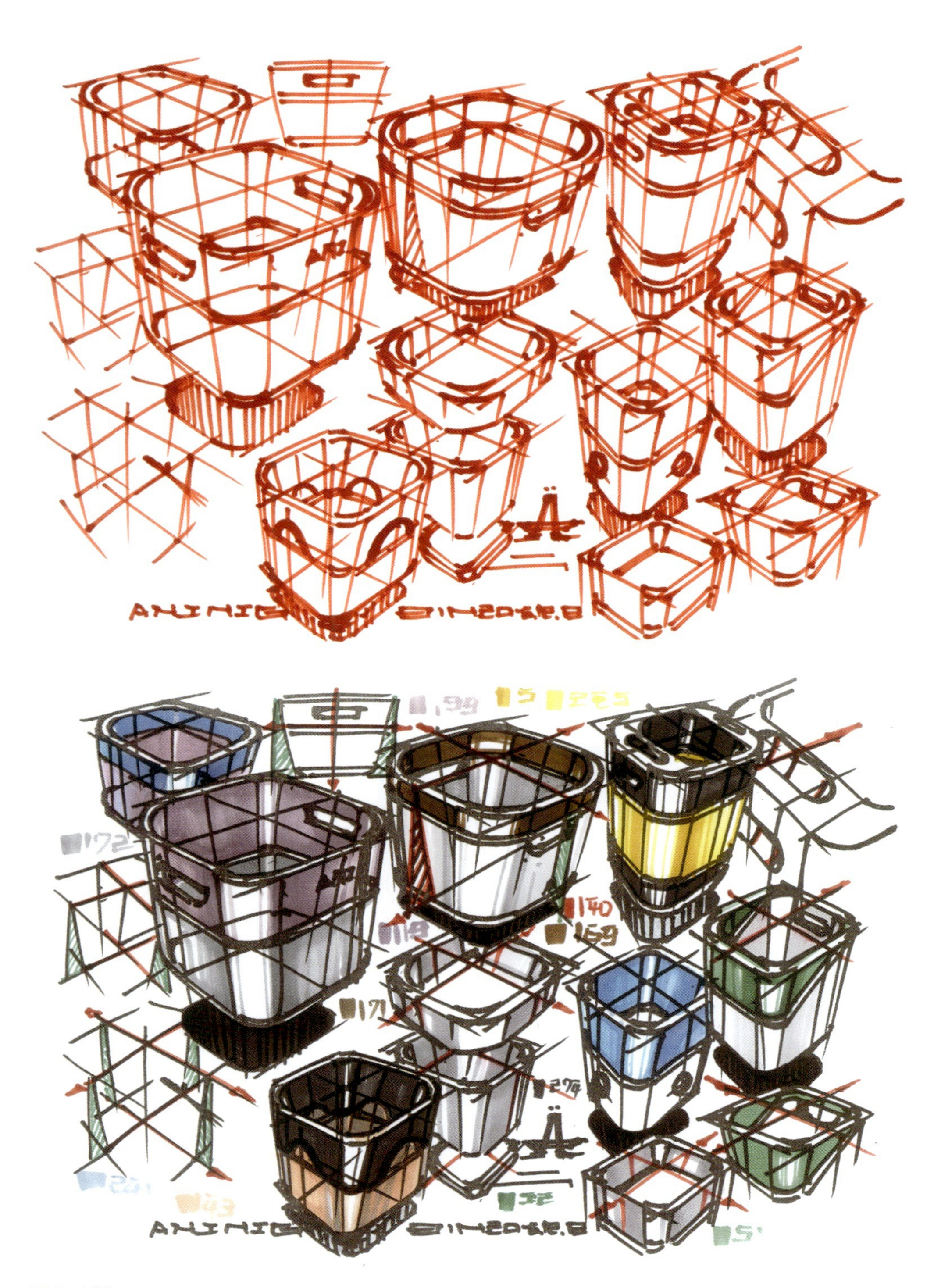

图 2-122

图 2-123

图 2-124

图 2-125

图 2-126

图 2-127

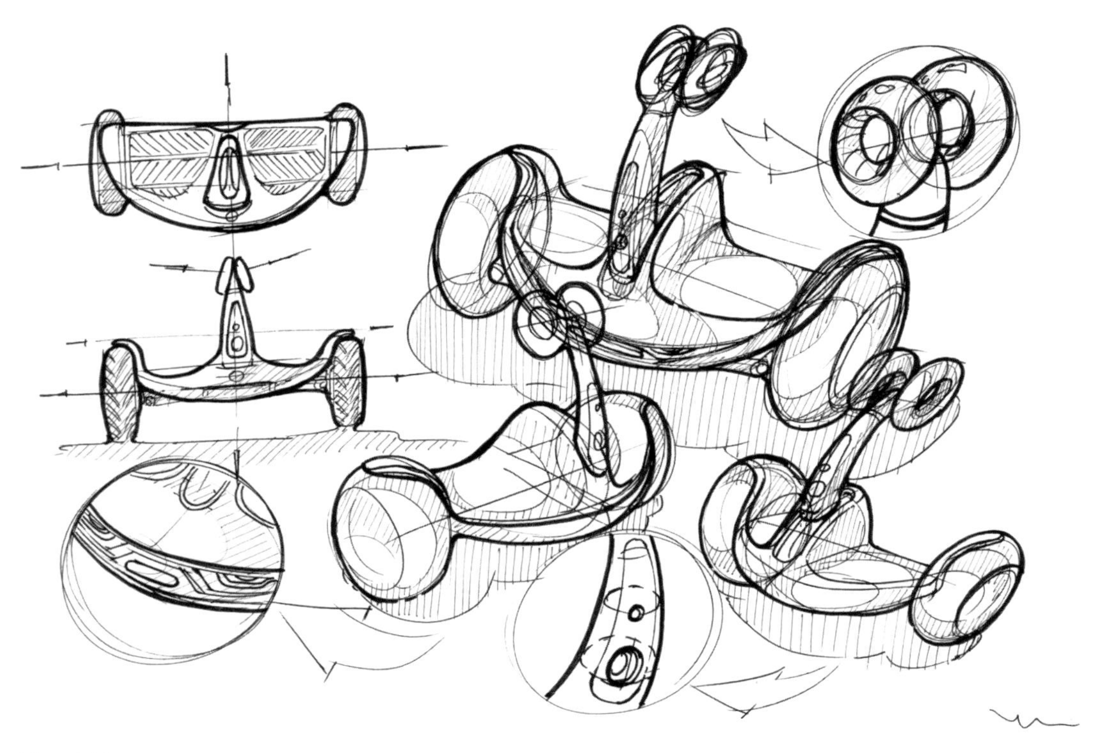

图 2-128

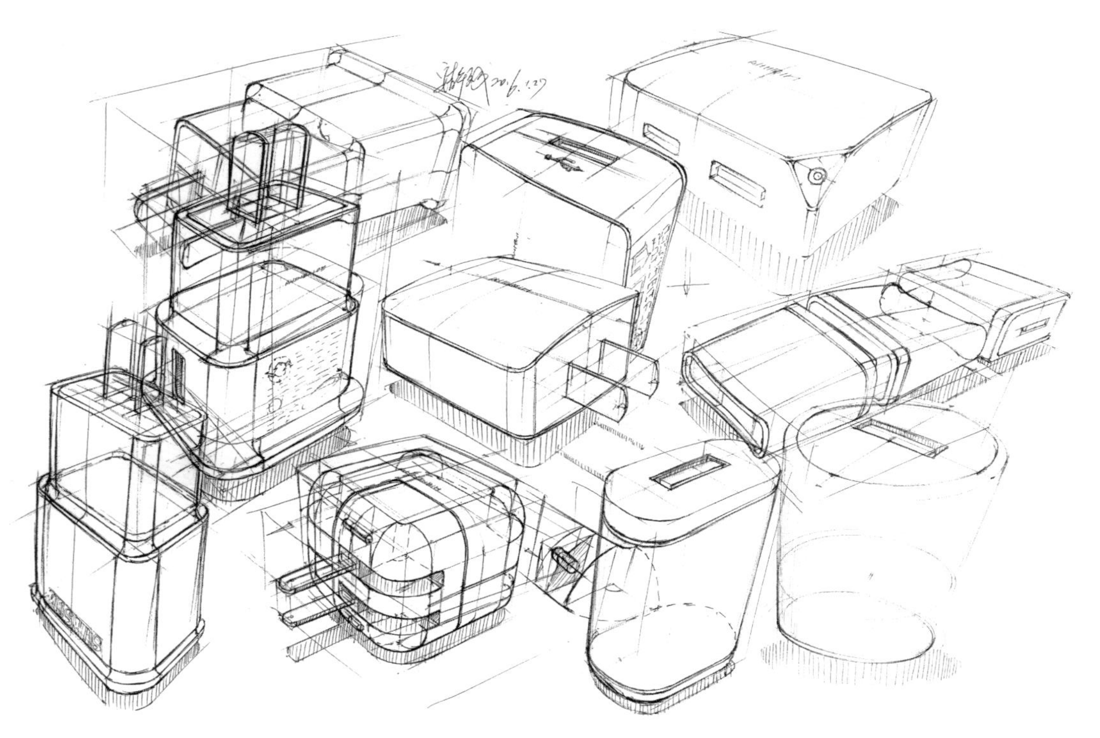

图 2-129

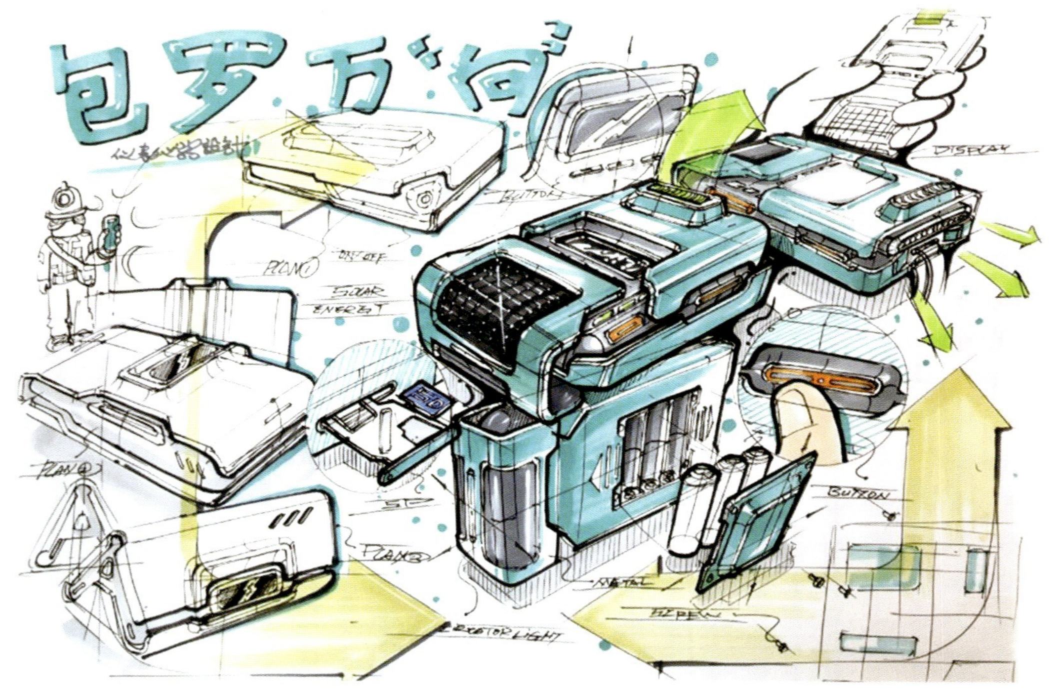

图 2-130

图 2-131

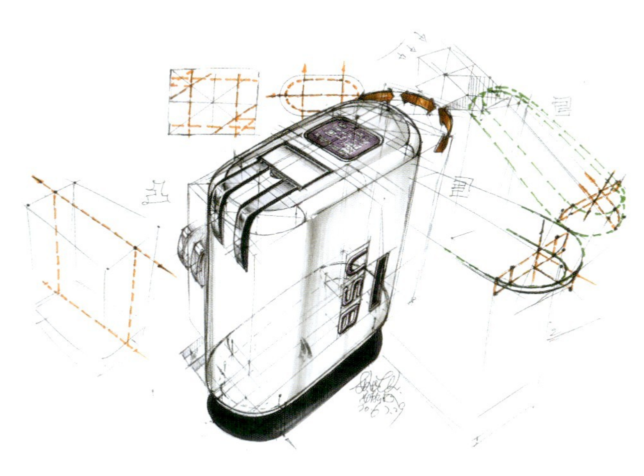

图 2-132

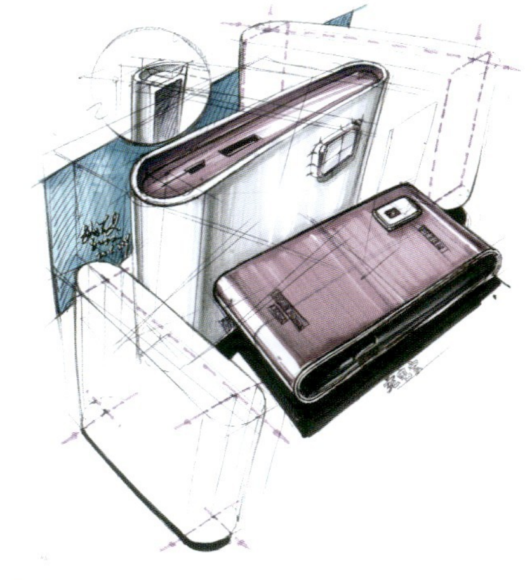

图 2-133

2.4 曲面产品表现

2.4.1 曲面形体的画法

现实生活中，产品的曲面往往由许多曲面相互衔接构成，在绘制此类复杂曲面的产品时，通常先画一个大致符合产品造型的长方体，然后在长方体的三个中心面上绘制产品的断面曲线，必要时可以在形态发生变化的关键位置绘制断面线。最后，用光滑的曲线连接，并使曲面的整体形态完整（图 2-134）。

图 2-134

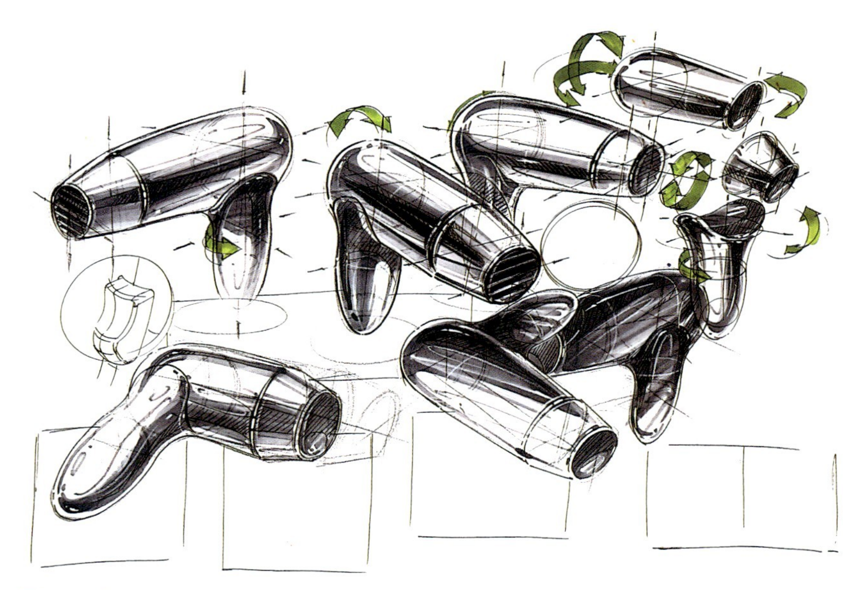

图 2-135

产品中最常见的曲线衔接为圆柱体的衔接，这类相交曲线的绘制可以将两圆柱体简化为两个长方体相交，在衔接的地方将共用的部分进行细分。根据三视图原理找到相贯线的特殊点位置，在立方体上标出这些特殊点，然后用光滑的曲线连接完成圆柱体的衔接（图 2-135）。

2.4.2 多曲面手绘练习

多曲面产品手绘练习，见图 2-136—图 2-150。

图 2-136

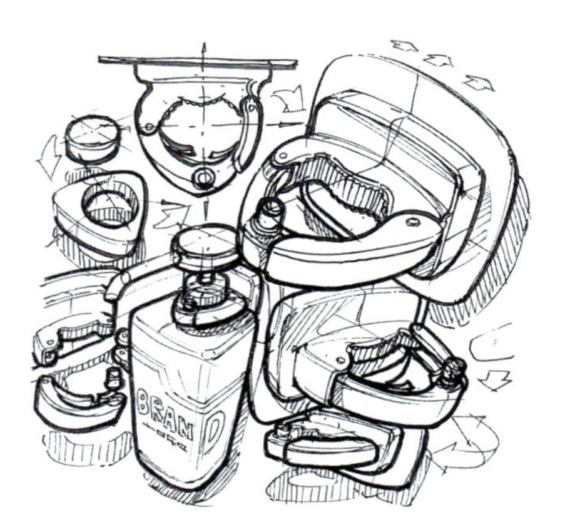

图 2-137

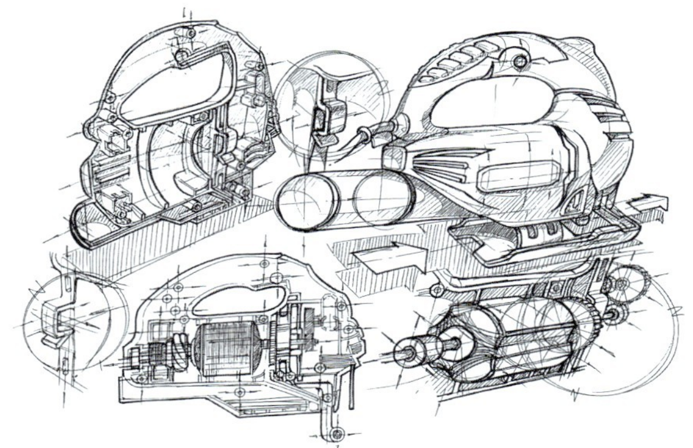

图 2-138

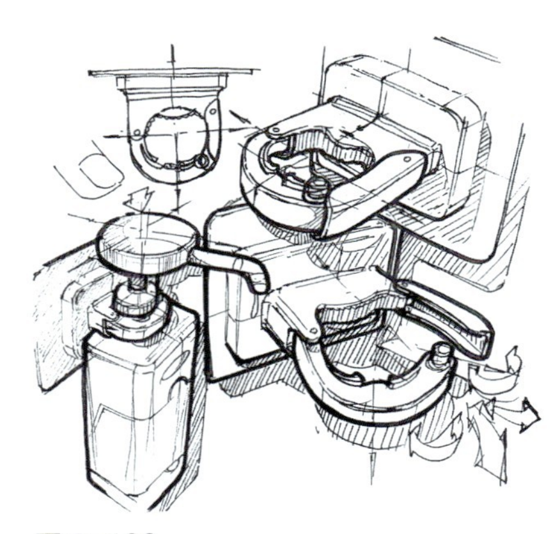

图 2-139

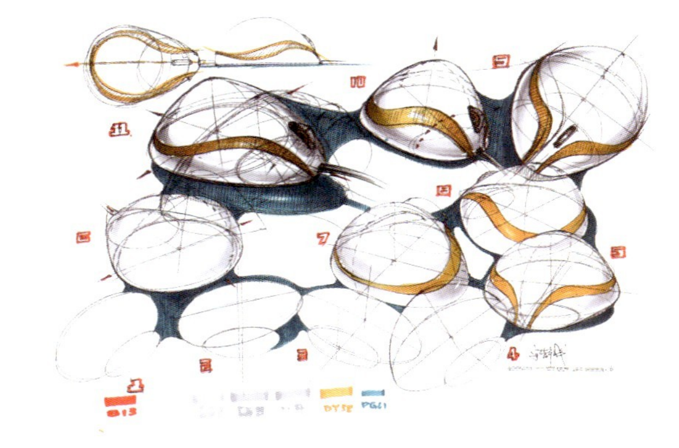

图 2-140

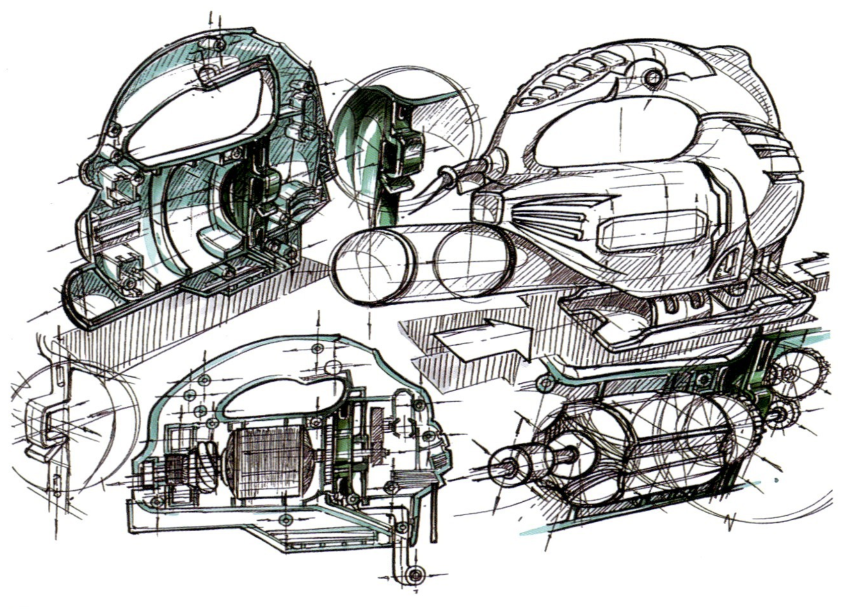

图 2-141

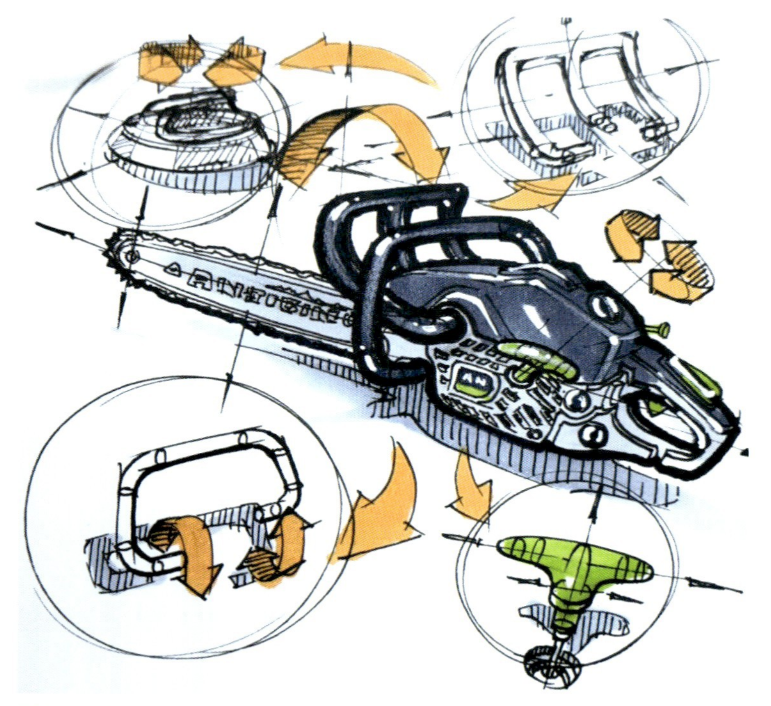

图 2-142

图 2-143

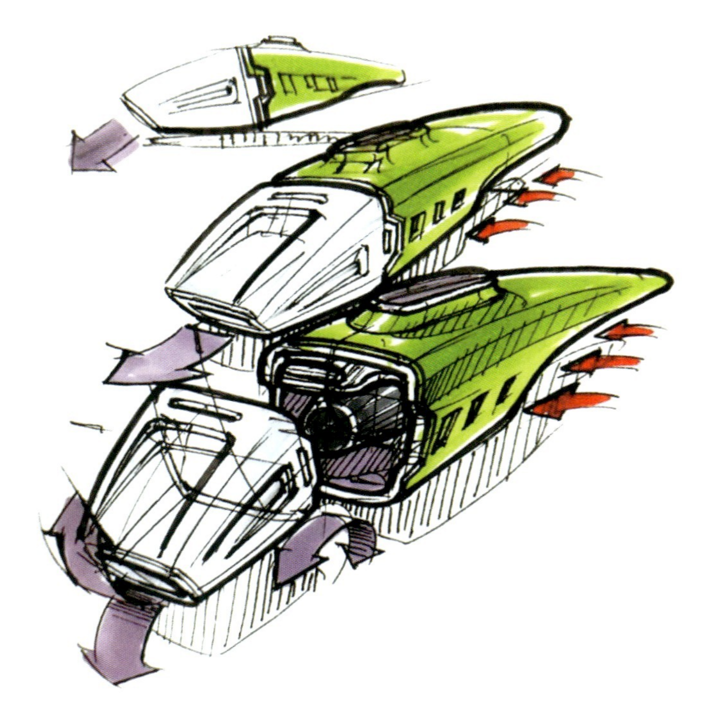

图 2-144

图 2-145

图 2-146

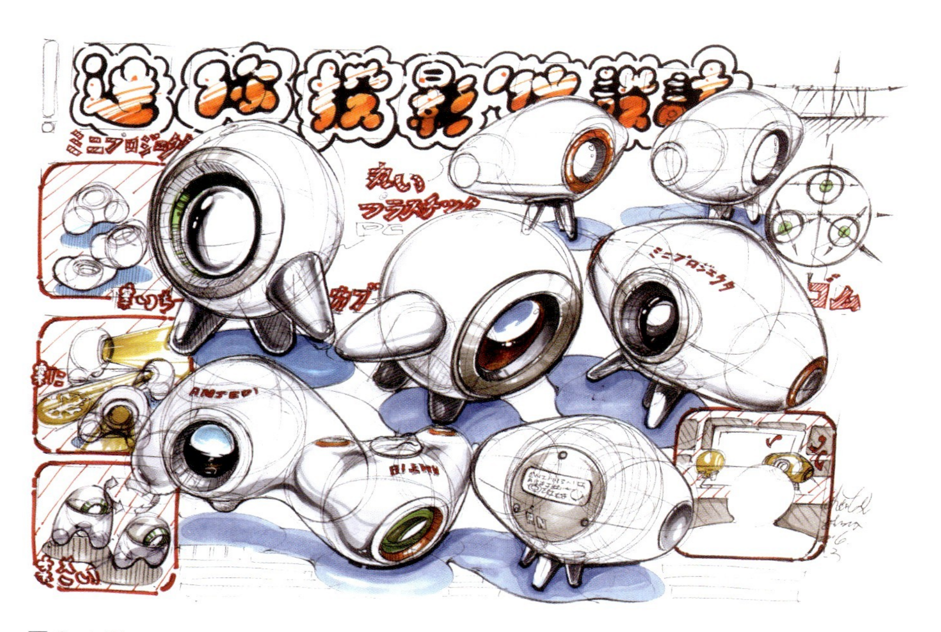

图 2-147

图 2-148

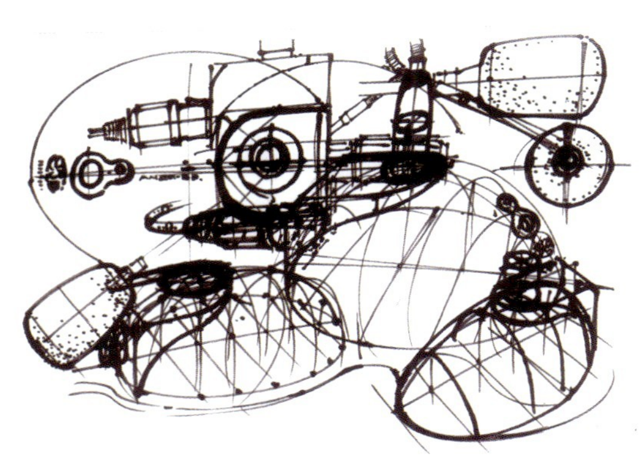

图 2-149

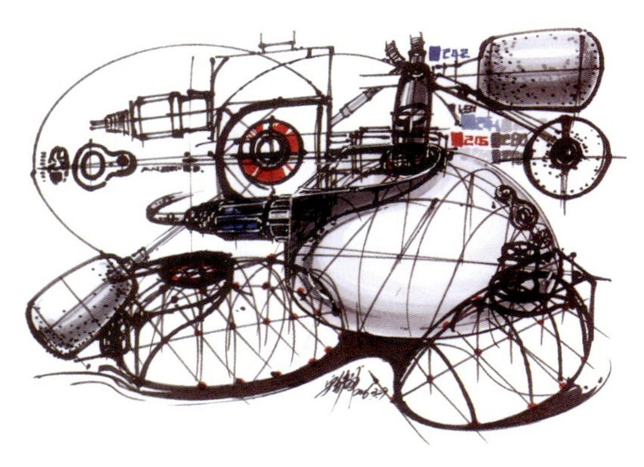

图 2-150

3 | 马克笔综合技法表现

产品 CMF 技法表现

产品手绘综合技法表现

产品表现版式设计

3.1 产品 CMF 技法表现

色彩是产品设计效果图视觉组成部分。在快速设计表现过程中，色彩往往被意向化，以此强调其倾向、感觉。

运用色彩时需注意以下几点：

①色调整体关系：必须确定表现对象的主色调，而其他颜色都要与主色调相协调。主色调的面积相对比较大些，次色调所占面积要小些。如果用色纸绘制，可以将色纸颜色定为主色调，提高光加暗部就能便捷地达到不错的效果。

②色彩对比关系：在强调色调统一的同时也要有色彩的对比，颜色是靠对比出效果的。在效果图中，对比色的运用要仔细斟酌，一般在主要部位和精彩的地方点缀一下，点缀的颜色既要与主色调产生对比，也要与之相呼应。

③色彩主次关系：效果图用色要概括简练，一色为主，再配二三色用于点缀。用色应以对象特征和光影概括为依据，高光表现既要肯定又不能生硬，暗部反光色要柔和而不抢眼。总之，要分清主次，不能平均对待。

3.1.1 笔触在产品绘制中的应用

目前，在产品快速表达过程中常选用马克笔来表达色彩。马克笔的笔触形式由点、线、面三种形式组成。一般来讲，呈“块、面”的笔触比较有整体感，更加有冲击力，通常用来表现产品的整体色彩；“面—线”的笔触最为常用，通常用来表现高光等细节。因为马克笔的色彩有限且色彩的调和能力不足，所以马克笔的特点之一就是用本身的笔触进行过渡，熟练掌握笔触变化是画面成败的关键之一（图 3-1、图 3-2）。

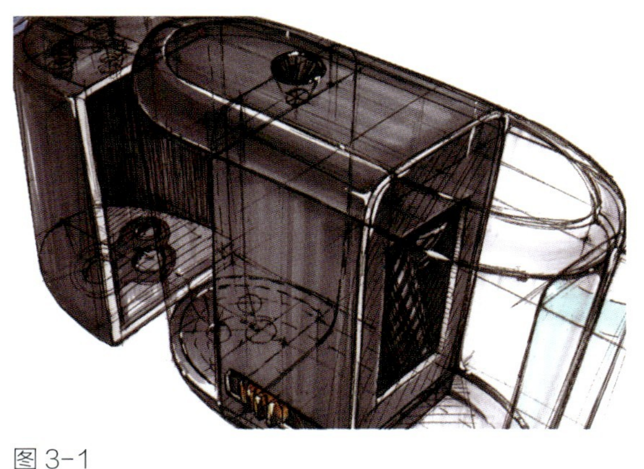

图 3-1

图 3-2

3.1.2 方体着色

扫描二维码，
学习更多知识

受到光源及方体本身形态的影响，方体的色彩表现相对简单，各个面均由线性明暗渐变构成。根据受光面和背光面的不同，色彩的整体明暗程度不同（图 3–3）。

3.1.3 曲面着色

扫描二维码，
学习更多知识

受到曲面形态的影响，曲面在光照条件下，其色彩变化相对复杂，从受光处高光开始逐渐向暗部渐变，到最暗的地方受到环境反光的影响又有一个由暗到亮的渐变过程。整个明暗的渐变过程与产品的曲线形态一致，并非单纯的线性渐变（图 3–4—图 3–8）。

图 3–3

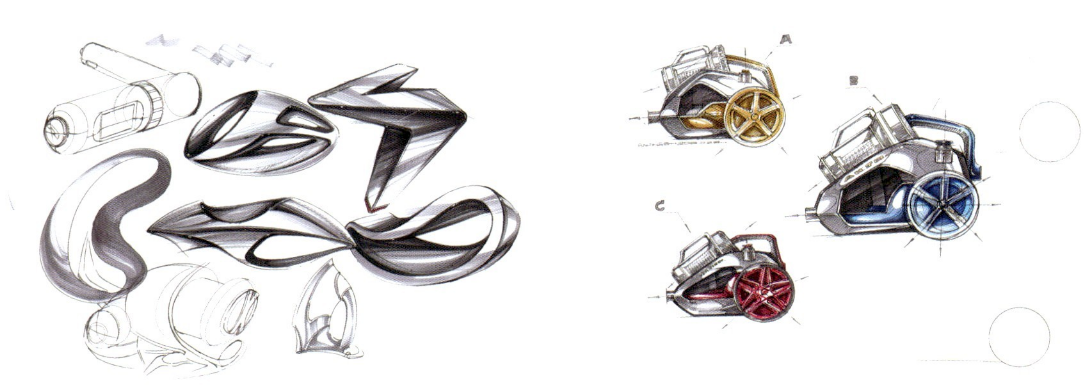

图 3–4

图 3–5

图 3-6

图 3-7

图 3-8

3.1.4 不同材质的表现方法

不同材质本身表现出不同的特性，在手绘过程中需要利用不同的笔触表现这些特性。在工业产品当中常见的材质有玻璃、金属、塑料、木材、纸张等。

玻璃、金属和部分表面抛光处理的塑料材质都具有高的亮度，反射性很强，在表现的过程中，明暗的渐变很短，对比明显。玻璃材质还具有透明和折射的特性，一般会选用较浅的颜色来表现玻璃的透明质感。木纹的表现除了用色彩表现明暗的变化外，还需要利用不同颜色的笔触表现木纹的纹理，让材质表现得更加逼真（图 3–9—图 3–17）。

图 3–9

扫描二维码，
学习更多知识

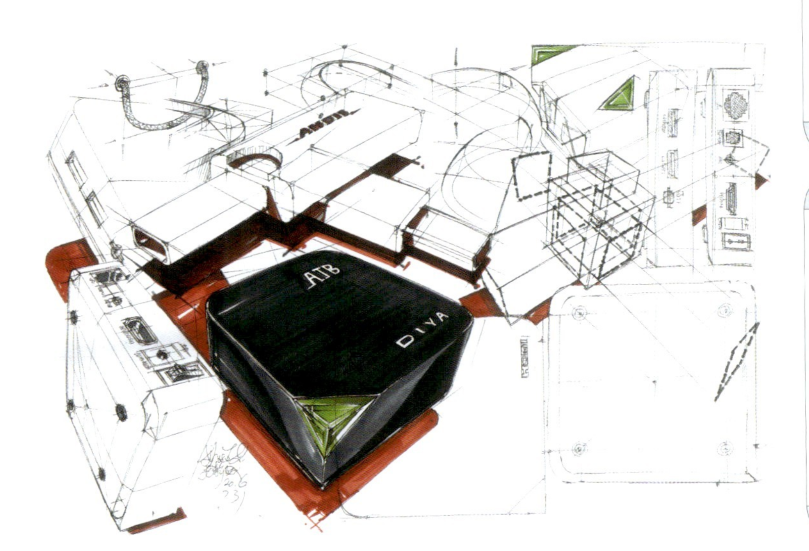

图 3–10

扫描二维码，
学习更多知识

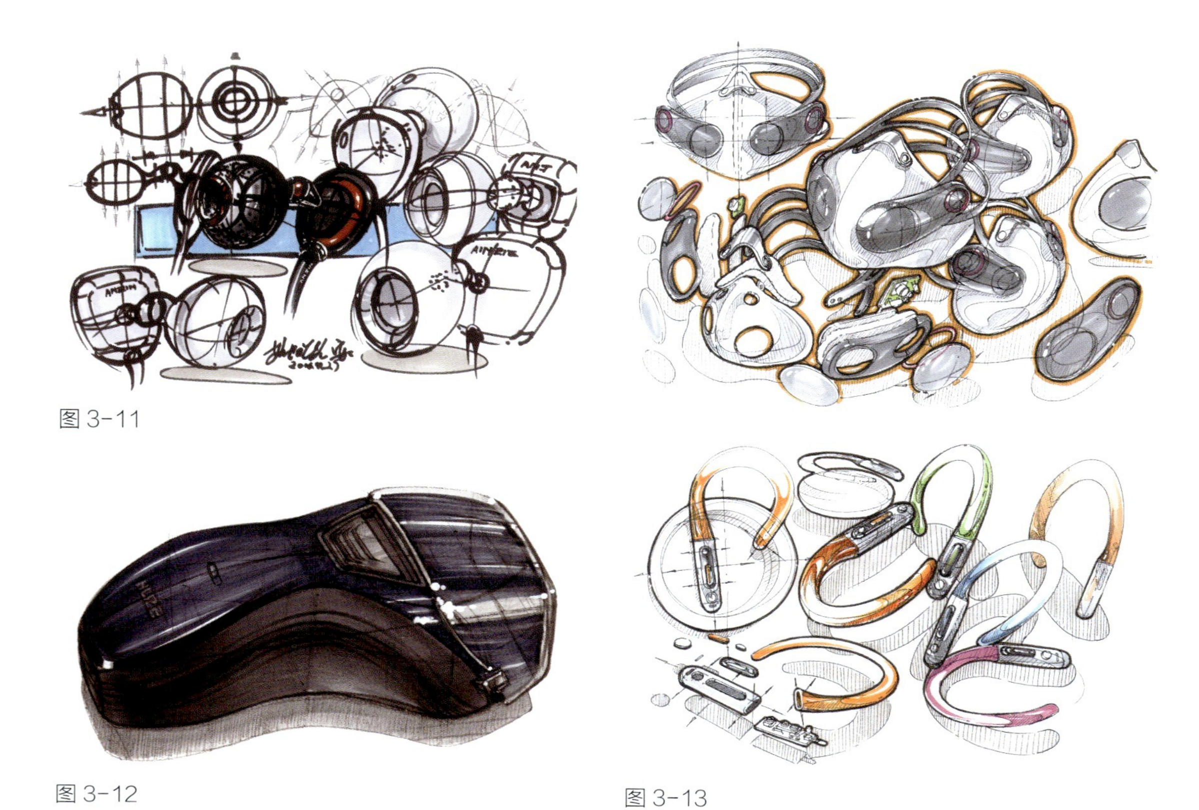

图 3-11

图 3-12

图 3-13

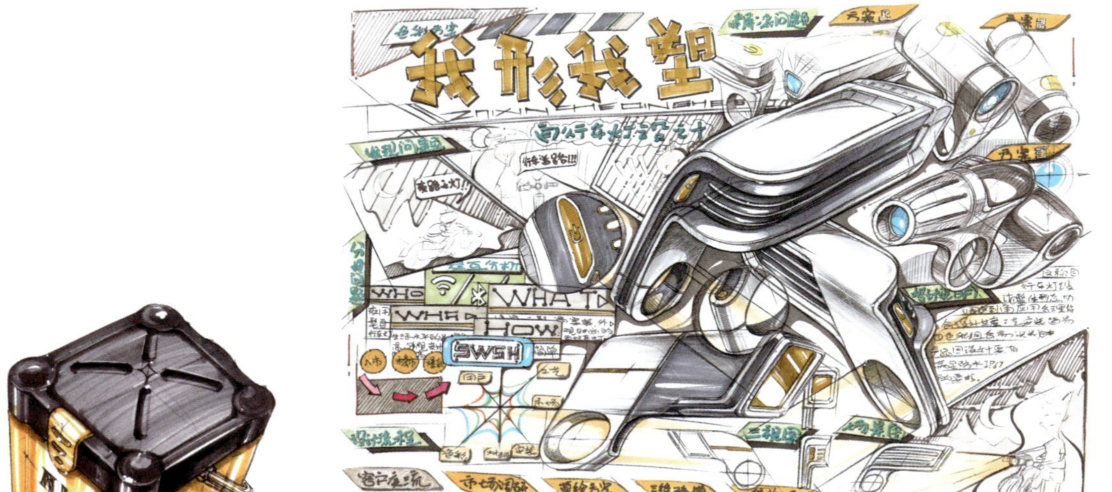

图 3-14

图 3-15

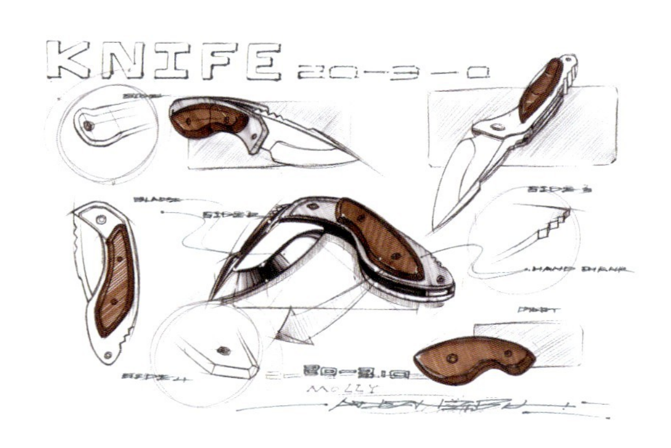

图 3-16

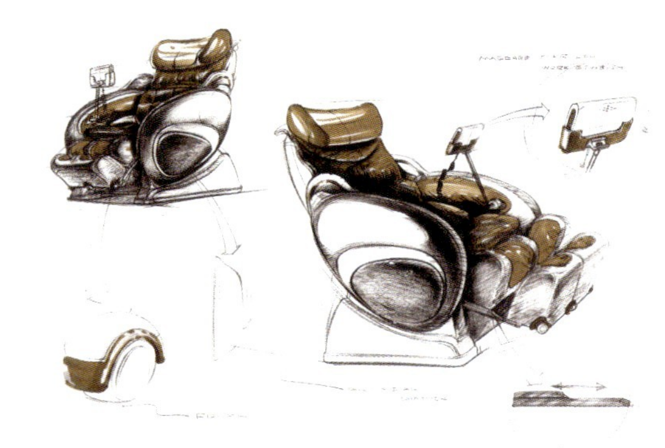

图 3-17

3.2 产品手绘综合技法表现

在产品的绘制中通常用线条表现产品空间构成及体量关系，这些线条分为参考线、结构线、断面线和外轮廓线等几种。

①参考线：绘制产品轮廓前，一般先轻轻绘制出产品长、宽、高三个方向的透视线，为后面产品轮廓线的绘制提供必要的参照，以便整体作画。

②结构线：产品的面与面的交界线、边界线以及产品各部件壳体的接缝线等都可称为产品的结构线。画图时，产品的结构线要画得整体、清晰。

③断面线：断面线是表现形体直面、曲面等形体起伏的线，分为整体断面线和局部断面线，一般画在产品的中央，分横向和纵向两个方向。断面线要画准确。

④外轮廓线：刻画产品时，常常加重产品的外轮廓线，使产品内外线条形成较强对比，一方面使统一中富有变化，另一方面突出产品外轮廓形体特征。外轮廓线的刻画程度要遵循画面整体感的要求。

在产品手绘表现过程中，可以从以下几个方面来完整地表现产品。

3.2.1 整体透视图

产品手绘最常见的方式就是绘制整体透视图，以表现产品的整体造型（图 3-18—图 3-25）。

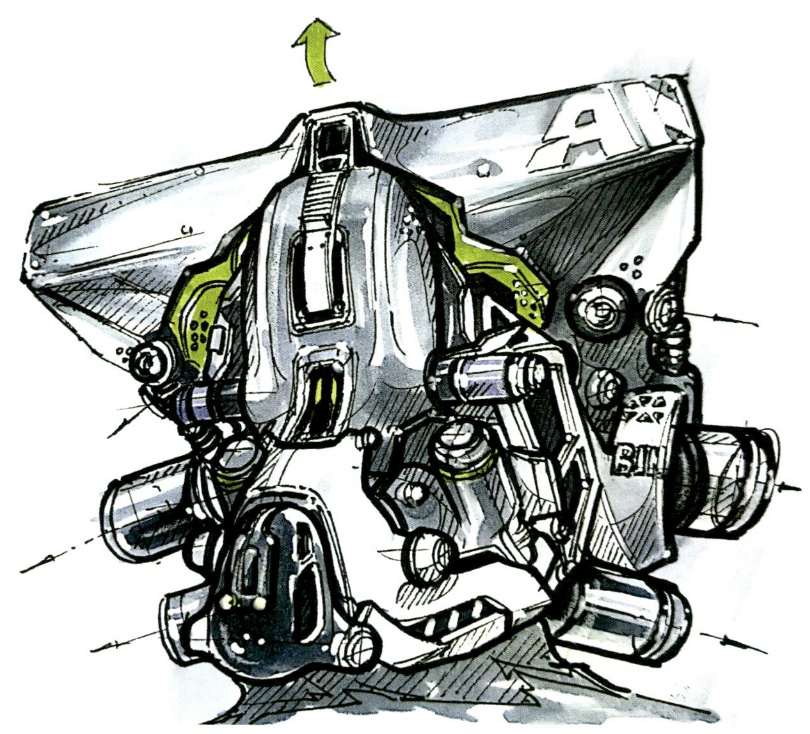

图 3-18

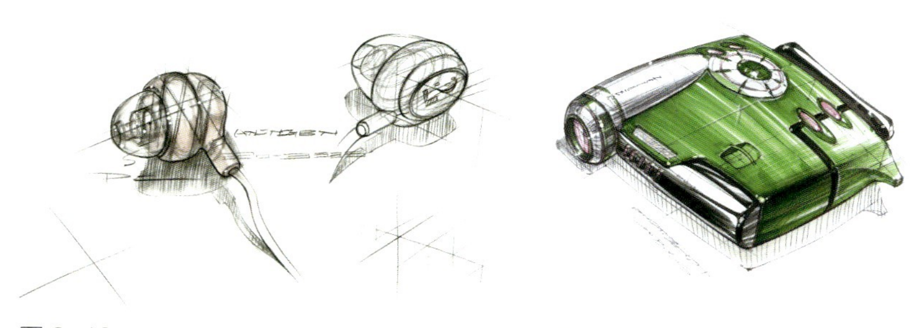

图 3-19

图 3-20

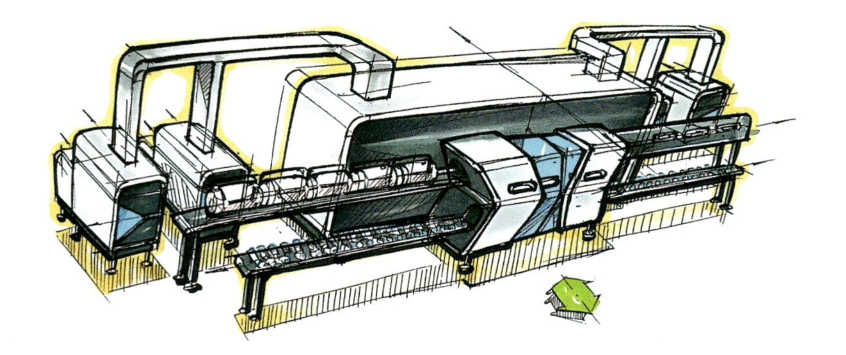

图 3-21

图 3-22

图 3-23

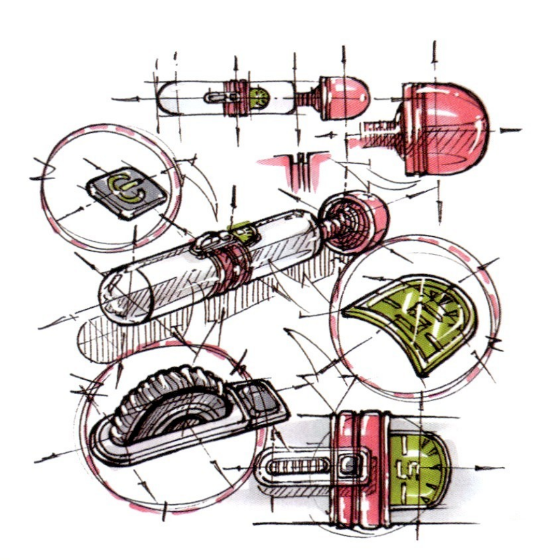

图 3-24

图 3-25

3.2.2　多角度产品图

为了充分表达产品功能与造型的特征，设计师通常会画出产品造型不同角度的整体图。由于整体图强调的是大概效果，不能充分表达产品的细节特征，如按键的切角、局部结构的转折、凹凸效果等细节在某些整体图中不能呈现出来，这时就需要针对性地刻画产品的局部细节，对它们进行放大特写处理，以便表达得更清楚（图 3–26—图 3–35）。

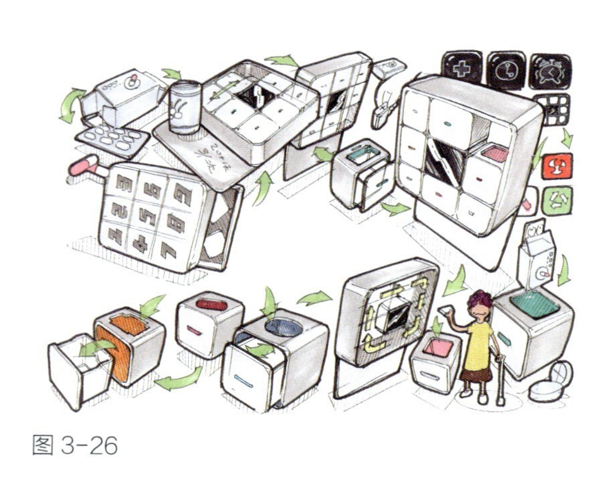

图 3-26

图 3-27

图 3-28

图 3-29

图 3-30

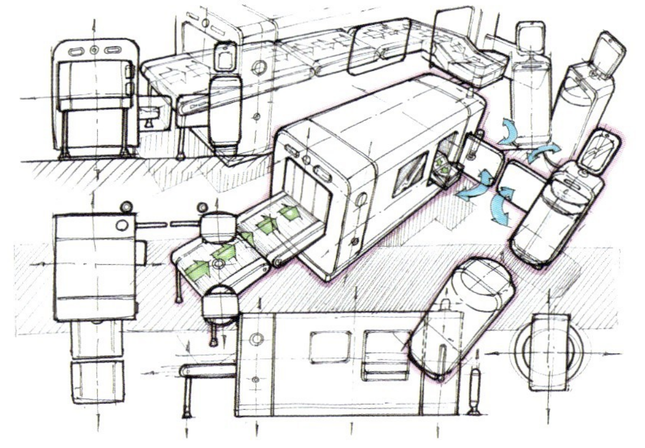

图 3-31

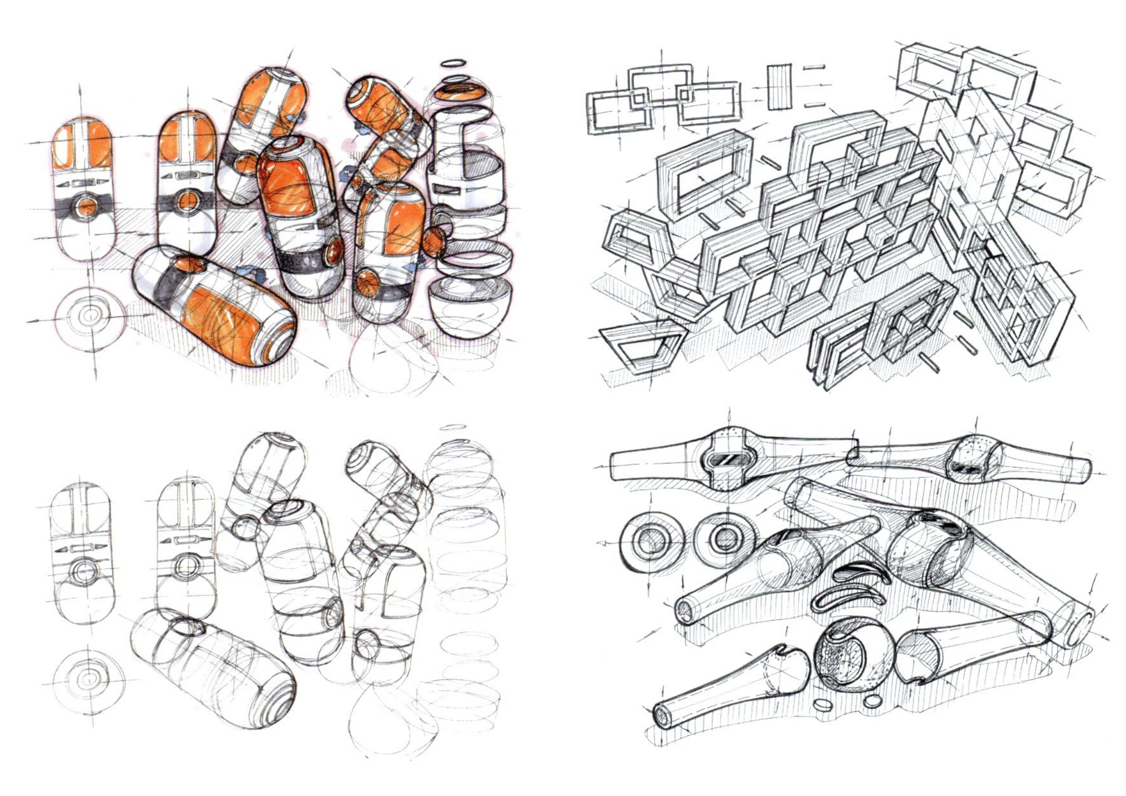

图 3-32

图 3-33

图 3-34

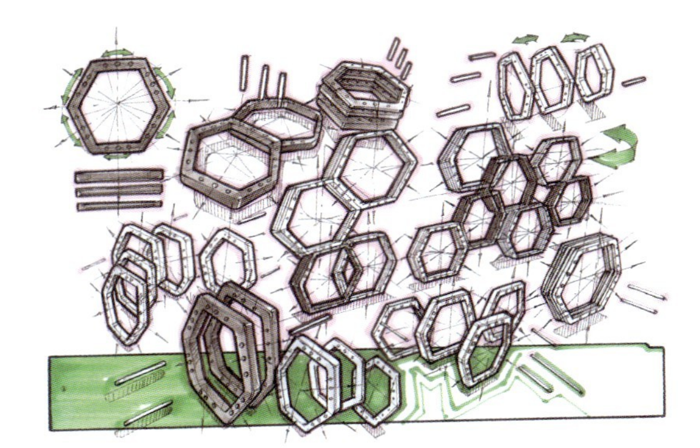

图 3-35

3.2.3　结构爆炸图

在表现创意或者已有产品细节的过程中，还可以利用爆炸图来表现产品各部件之间的安装结构，将整个产品按照某一轴线方向或者多个轴线方向爆炸开（图 3-36—图 3-38）。

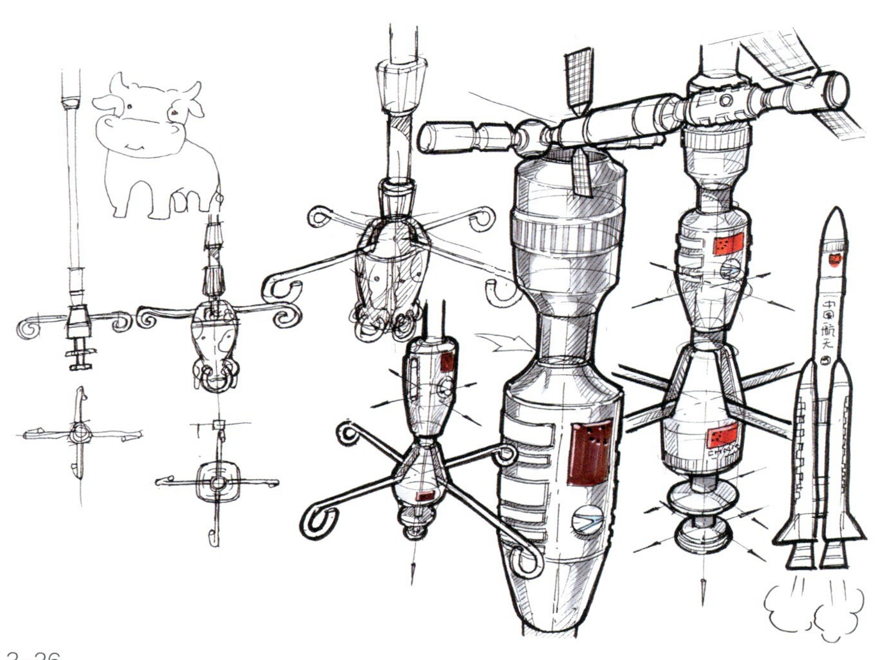

图 3-36

图 3-37

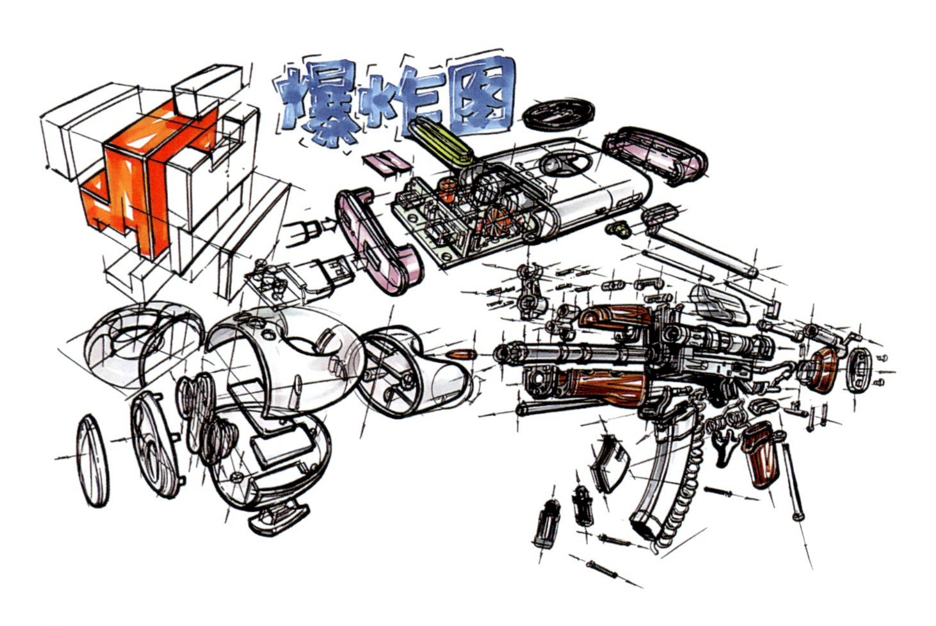

图 3-38

3.2.4　使用方式图

产品的使用方式图是指把产品融入人的使用环境，将人使用产品的方式或场景表达出来的图（图 3-39）。

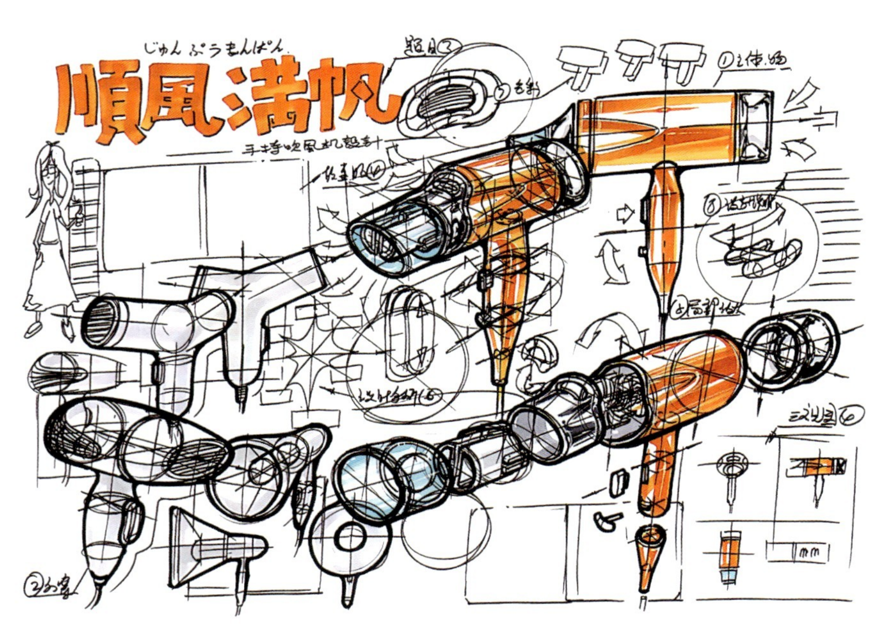

图 3-39

3.2.5　产品综合表现实例

产品综合技法表现见图 3-40—图 3-66。

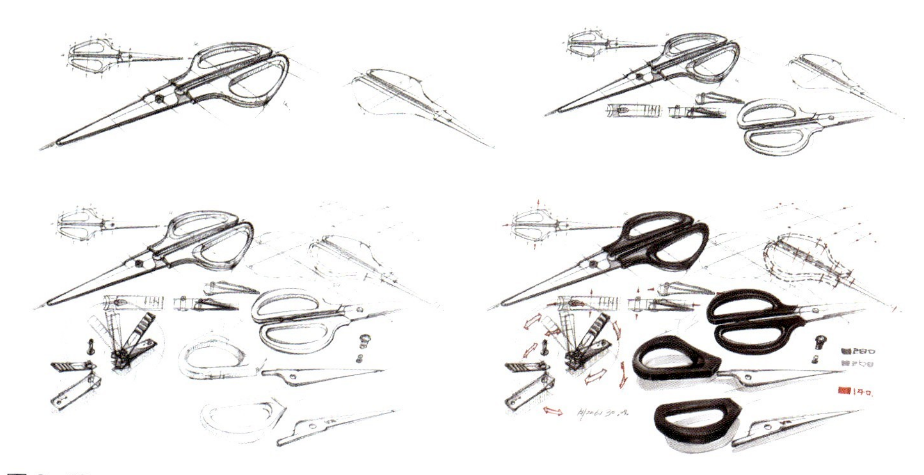

图 3-40

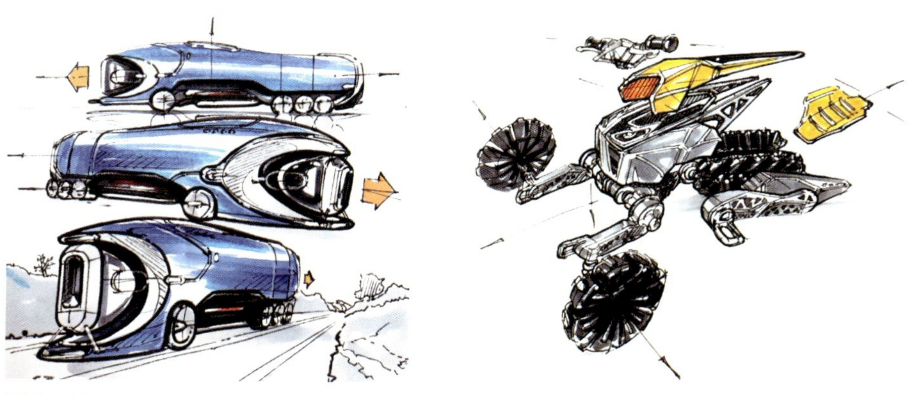

图 3-41　　图 3-42

图 3-43

图 3-44

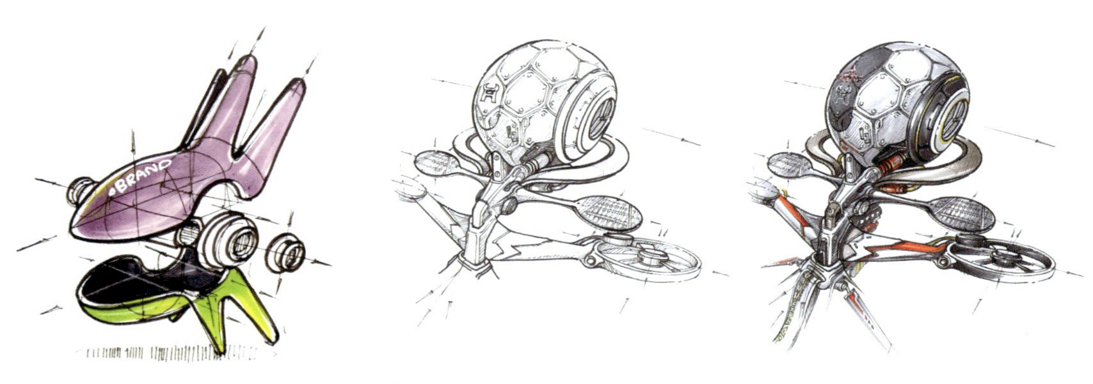

图 3-45

图 3-46

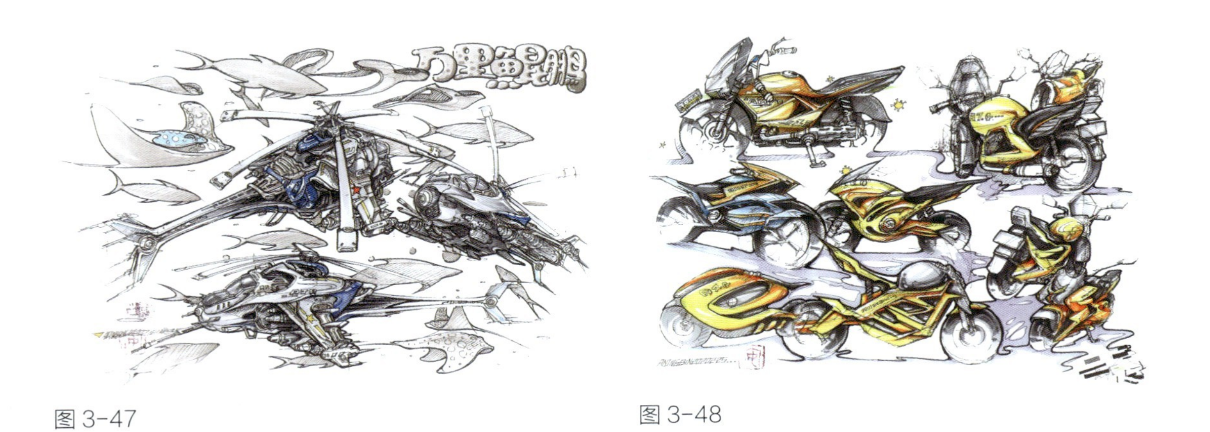

图 3-47

图 3-48

图 3-49

图 3-50

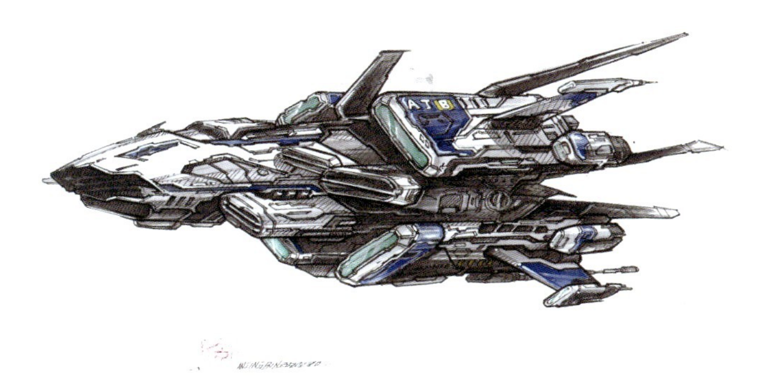

图 3-51

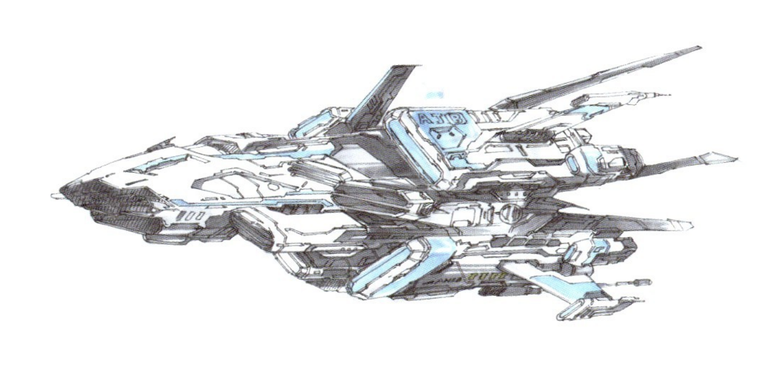

图 3-52

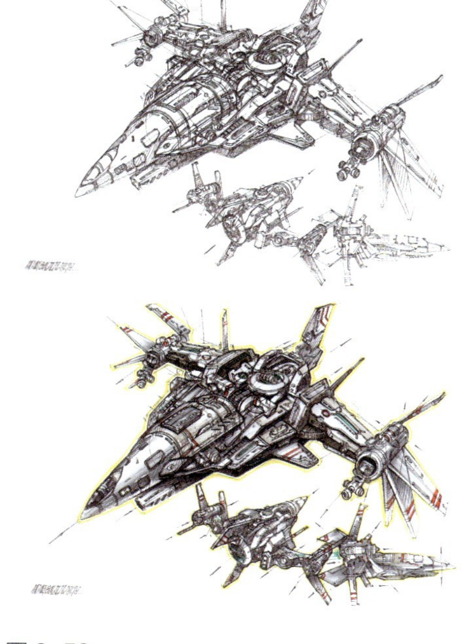

图 3-53

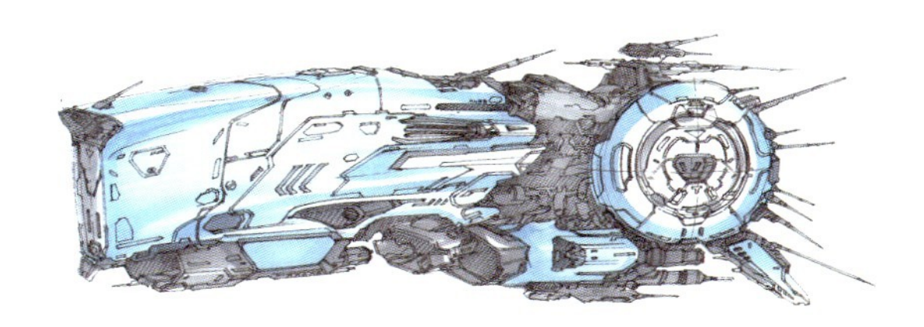

图 3-54

图 3-55

图 3-56

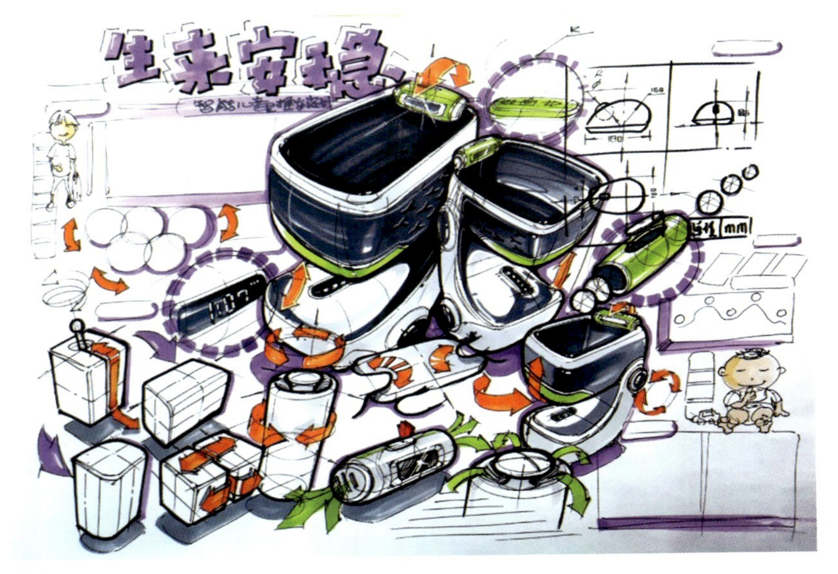

图 3-57

扫描二维码，
学习更多案例

图 3-58

扫描二维码，
学习更多案例

图 3-59　　图 3-60

图 3-61　　图 3-62

图 3-63

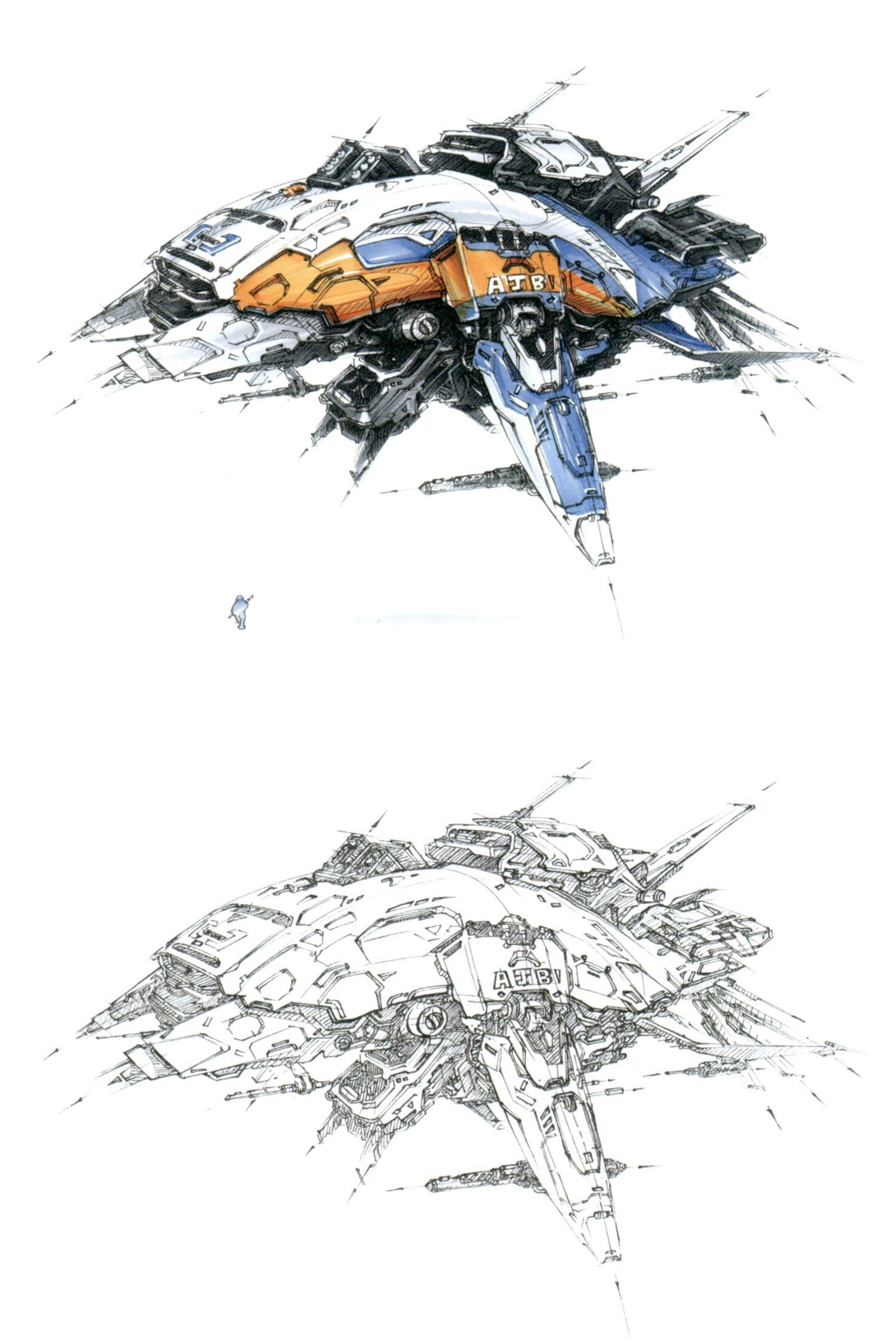

图 3-64

图 3-65

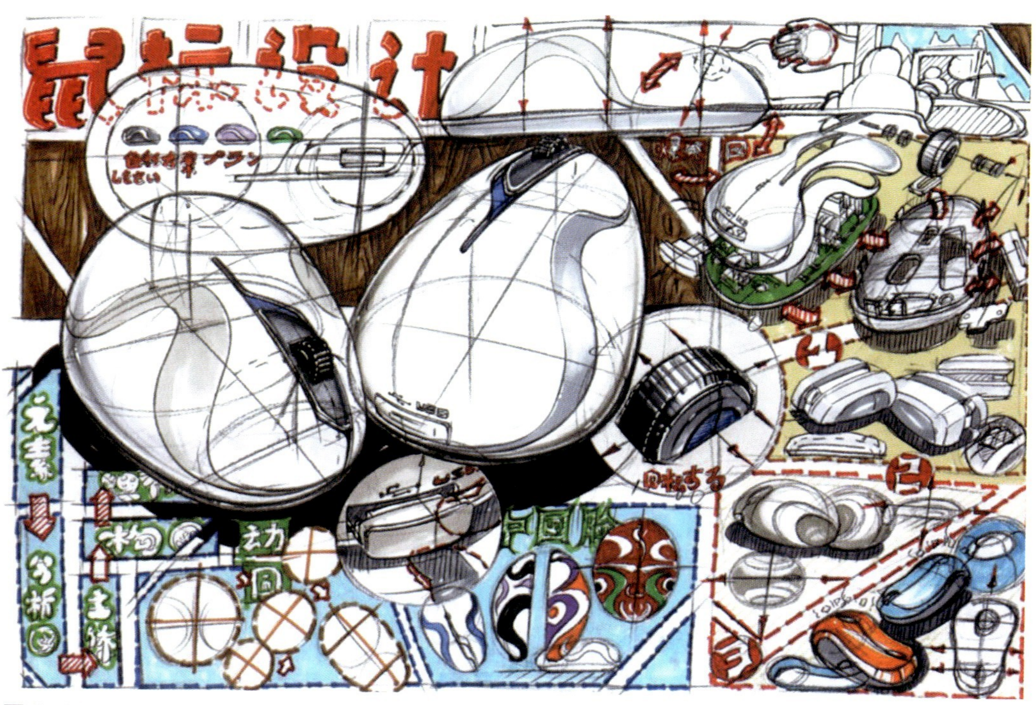

图 3-66

3.3 产品表现版式设计

在产品手绘的过程中，除了产品的整体表现以外，整个产品的构图和版式的设计也十分重要。版式设计的过程中通常会配合一些小的箭头、符号等让整个画面更加生动，也让观者更直观地理解画者的意图与思路。

3.3.1 指示箭头应用

指示箭头有多种用途，如可以表现产品部件的运动方向，也可以表现产品细节与产品整体的关系，还可以表现产品造型的曲线流动方向等（图3–67—图3–69）。

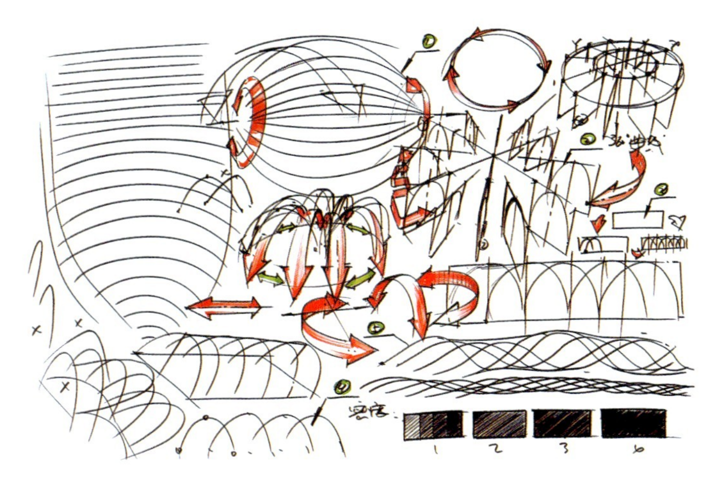

图3-67

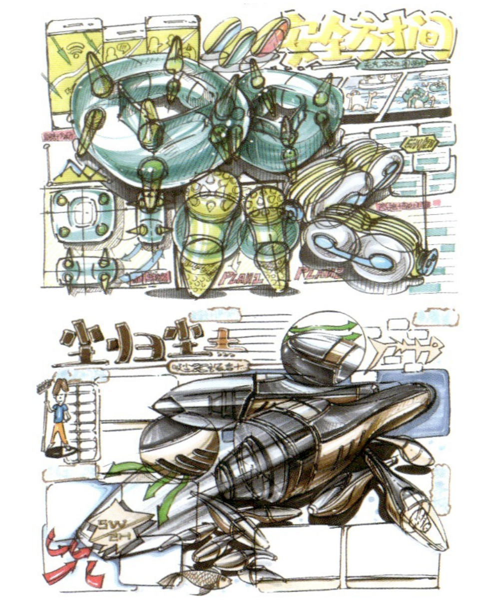

图3-68

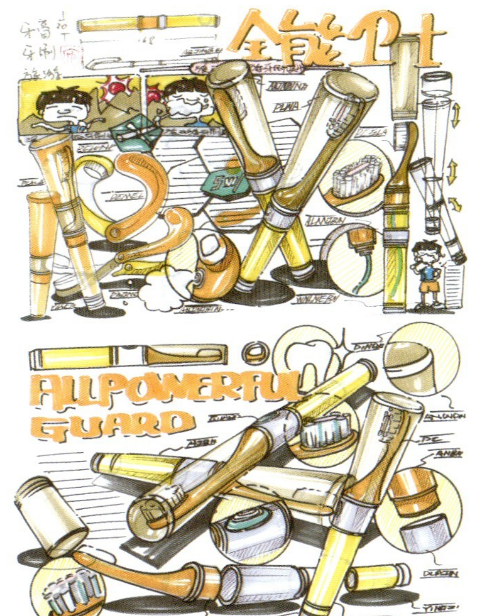

图3-69

3.3.2 投影处理

产品投影也就是产品的阴影。产品投影的作用，一是辅助说明形体；二是与表达产品形体的线条产生疏密对比，增强画面视觉效果；三是增强产品的空间感和厚重感。产品的投影与素描画中的阴影不同，可理解为在产品下方有一定距离的假想承影面的投影，一般在产品投影区域内画垂直线，因为垂线的视觉冲击力比较强（图 3-70—图 3-75）。

图 3-70

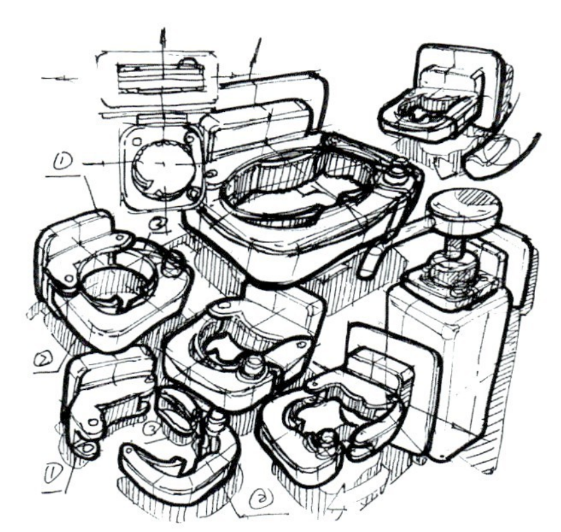

图 3-71

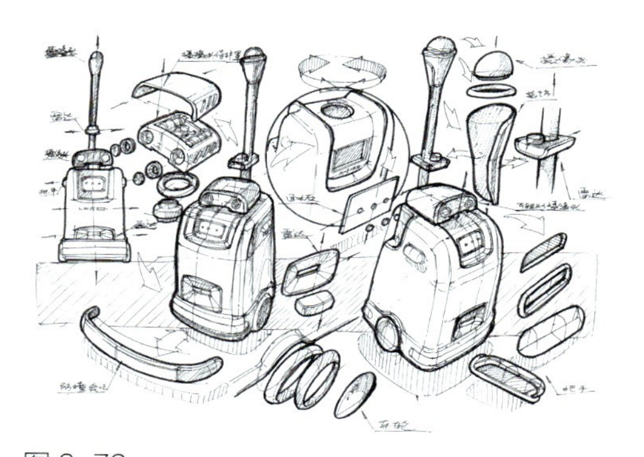

图 3-72

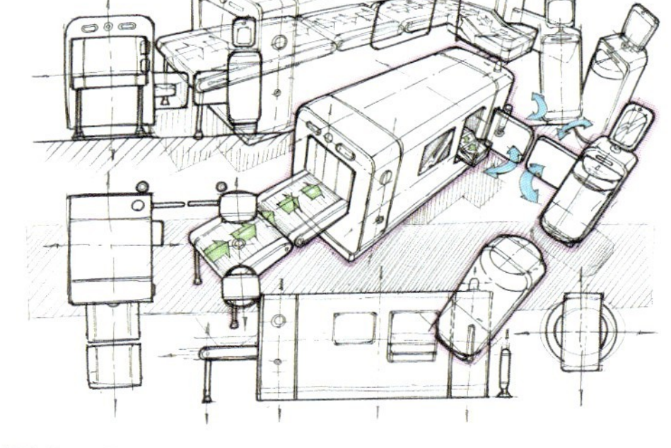

图 3-73

图 3-74

图 3-75

图 3-76

3.3.3 POP 字体

POP 字体在广告设计中很常见，主要用来提高视觉冲击力，吸引观者的注意力。在产品表现版式设计中也一样，POP 字体的设计与放置可以使画面更加生动（图 3-76）。

3.3.4 设计说明

设计表现有时不是用一两幅产品效果图就能解释清楚的，如果仅仅提供效果图，就有可能使人对设计意图产生误解。为了避免这种情况，设计师除了选择适当的效果图外，在版式设计中还要用好辅助性说明文字。形象化的效果图配以文字补充说明，就会将设计师的思维脉络清晰地表达出来。

一般来说，说明文字可以从以下几点来考虑：

①创新之处。重点说明产品设计与其他产品的不同之处，以及新产品的优势。

②市场目标。说明设计所针对的市场定位，同类产品的情况，消费者对产品新的需求以及设计所要达到的目标。

③经济因素。大致说明新设计耗用的材料和新能源情况，估算成本和未来售价，对比市场上同类产品的价格，论证新设计的优劣之处。

④技术因素。说明产品的功能情况及在生产中使用的工艺技术方法，论证新设计在技术上的可行性，以及需特殊处理的地方。

⑤产品开发战略思考。说明对产品未来发展的预测及进一步开发新产品的计划等。

4 | 案例赏析

压力仪

手持产品

智能梳子

套装茶具

厨具

电子雾化器

手持吸尘器

轮滑鞋

环卫车

魔鬼鱼儿童娱乐设施

飞机儿童娱乐设施

扫描二维码，
学习更多案例

在具体的设计过程中，根据设计的进度，产品设计表现大致分为前期创意草图、方案细化过程、方案效果图和方案电脑效果图四个阶段。

前期创意草图不需要把所有细节全部表现出来，利用主要的结构线条表现产品的主体造型及大面关系即可。

方案细化过程则是在前期草图的基础上，对每个固定造型形态产品方案进行细节推敲，主要是在细节上进行组合变形。

方案效果图阶段则是选择较满意的方案进行色彩分析，绘图的过程中将所有细节以及色彩和材质效果表现完整。

方案电脑效果图阶段则是在前期效果图阶段进行优选之后，利用电脑软件进行计算机辅助设计，模拟真实产品效果。

4.1 压力仪

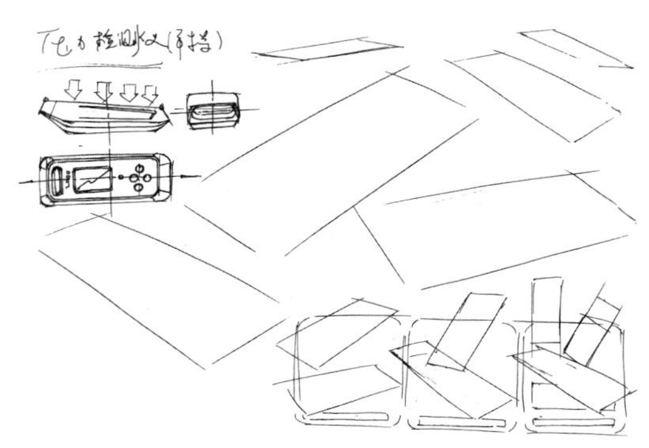

图 4-1

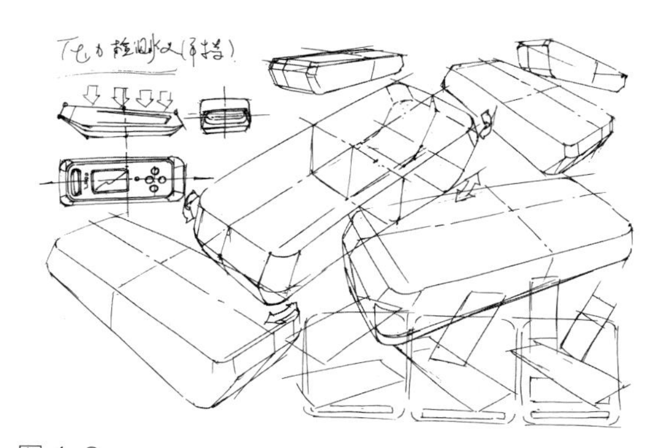

图 4-2

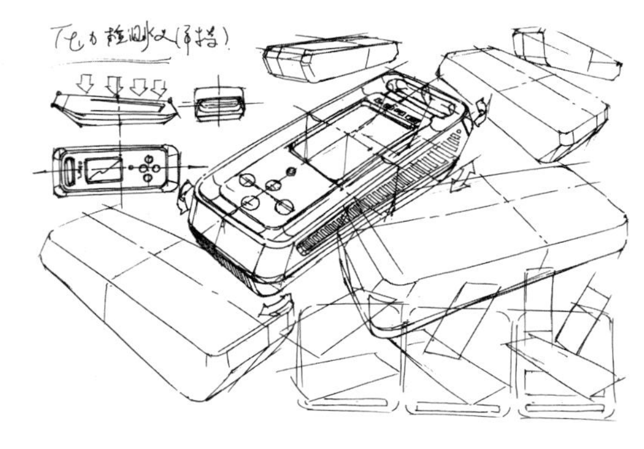

图 4-3

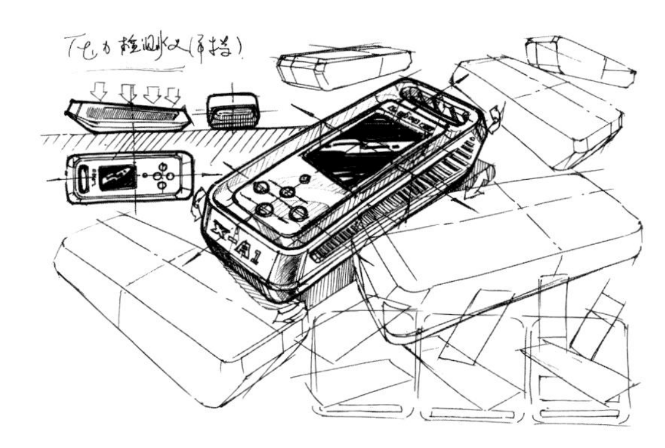

图 4-4

4.2　手持产品

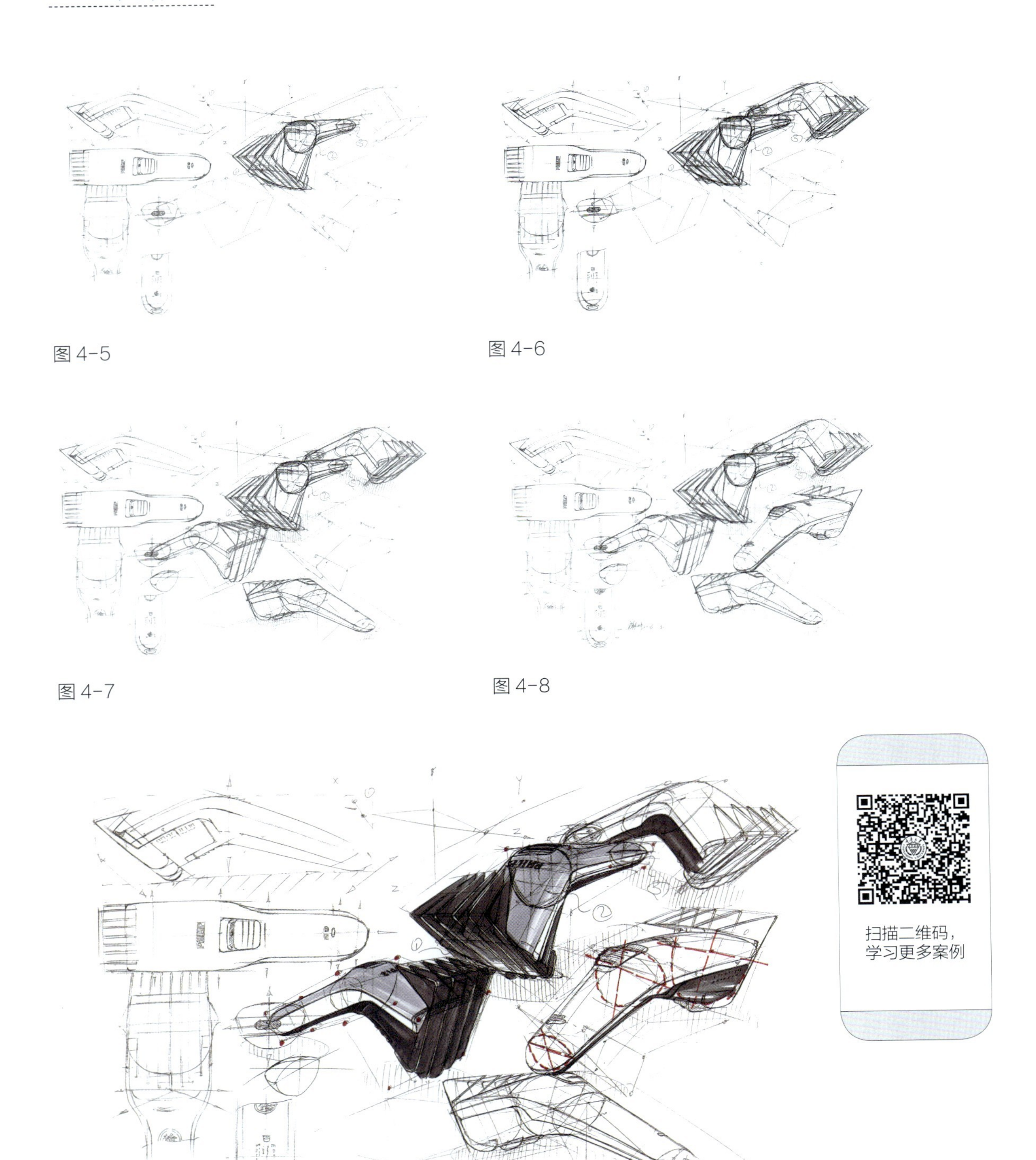

图 4-5

图 4-6

图 4-7

图 4-8

图 4-9

4.3 智能梳子

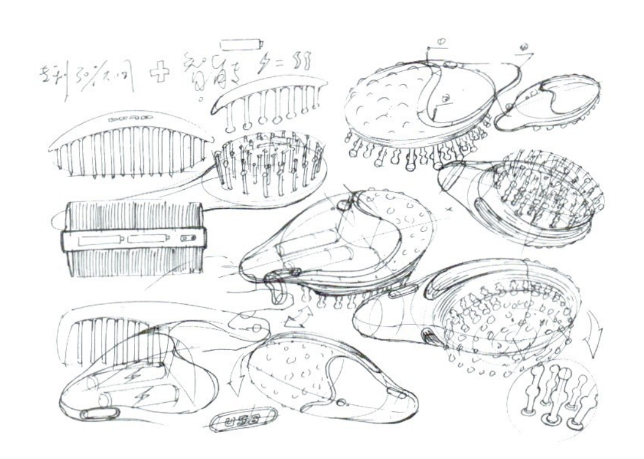

图 4-10

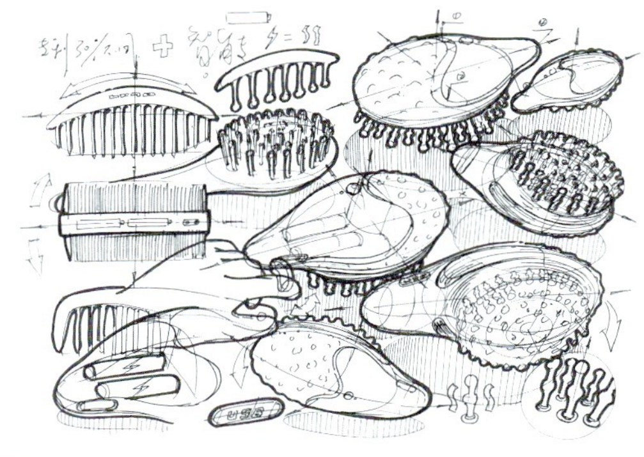

图 4-11

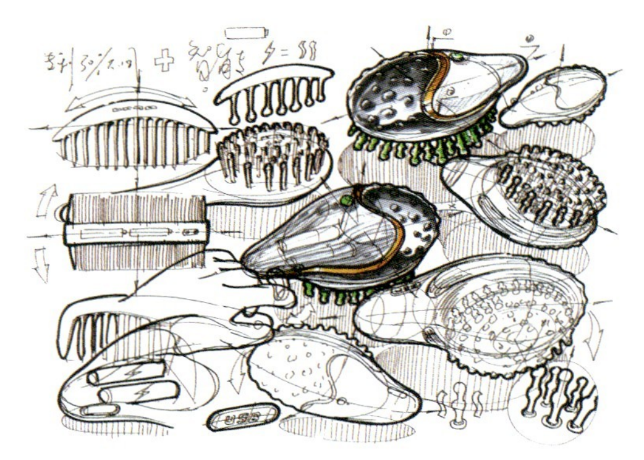

图 4-12

图 4-13

4.4 套装茶具

图 4-14

图 4-15

4.5 厨具

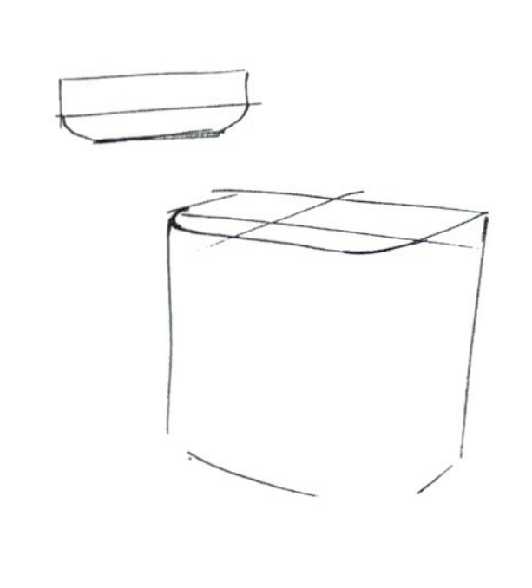

图 4-16

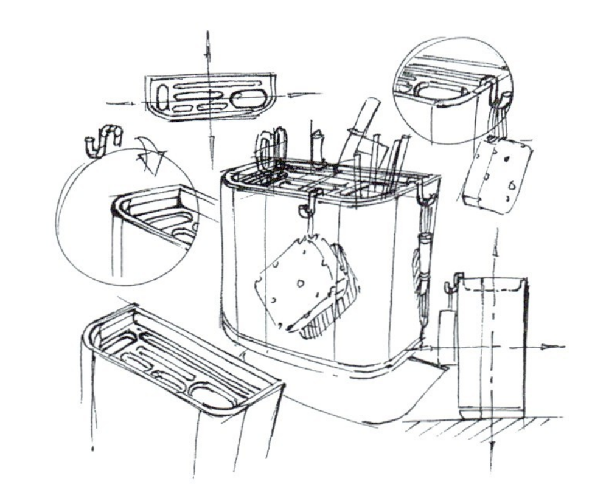

图 4-17

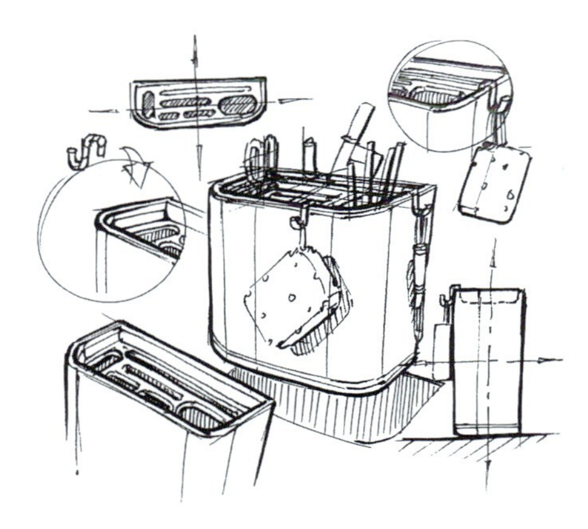

图 4-18

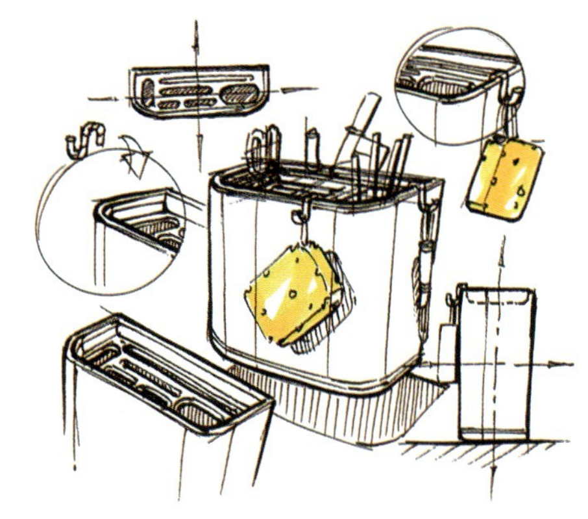

图 4-19

图 4-20

图 4-21

4.6 电子雾化器

扫描二维码，
学习更多案例

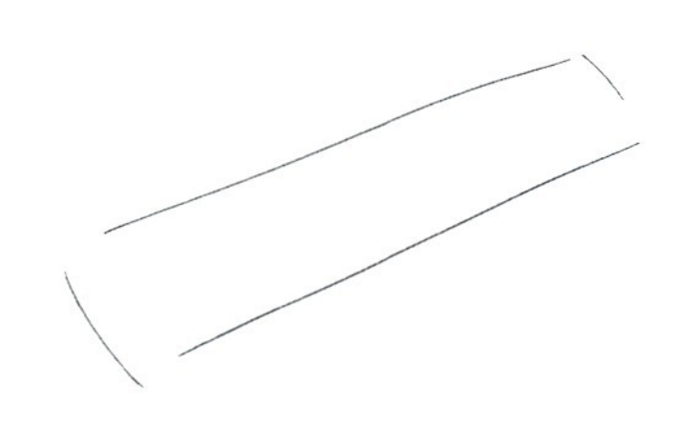

图 4-22

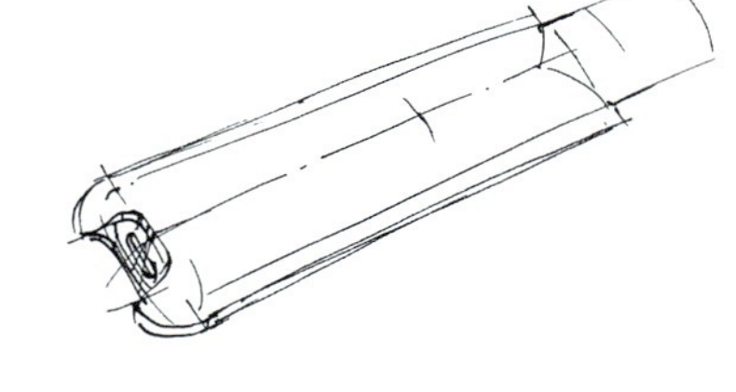

图 4-23

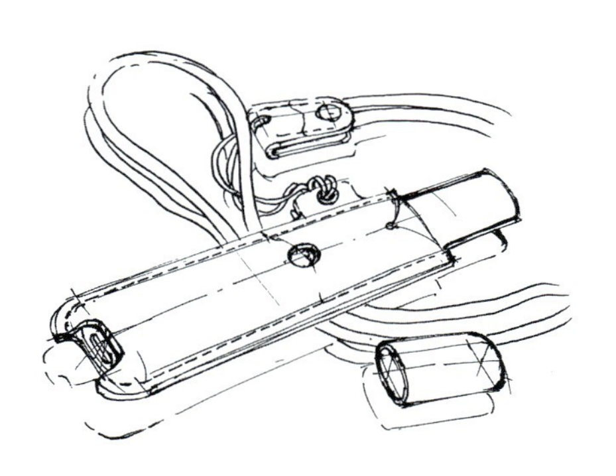

图 4-24

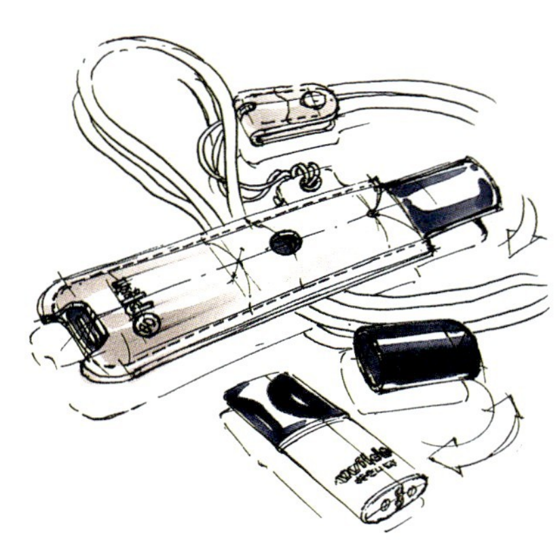

图 4-25

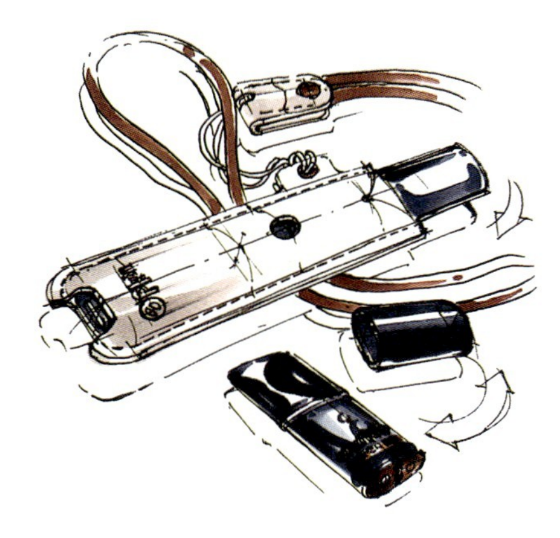

图 4-26

图 4-27

4.7 手持吸尘器

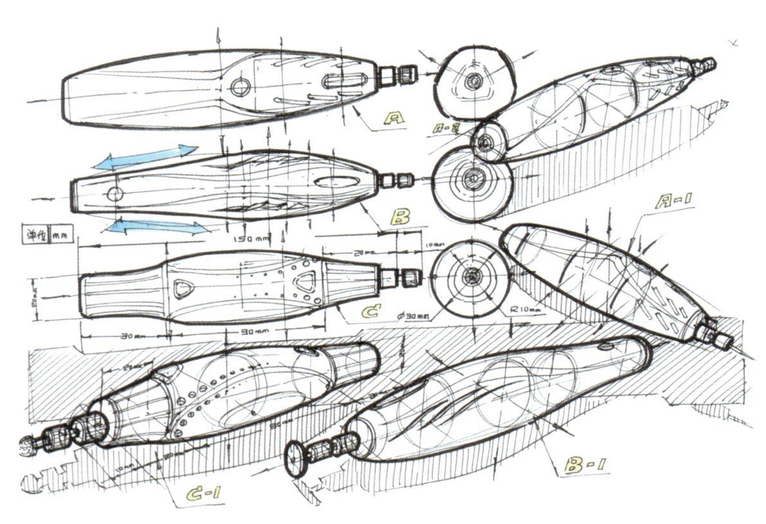

图 4-28

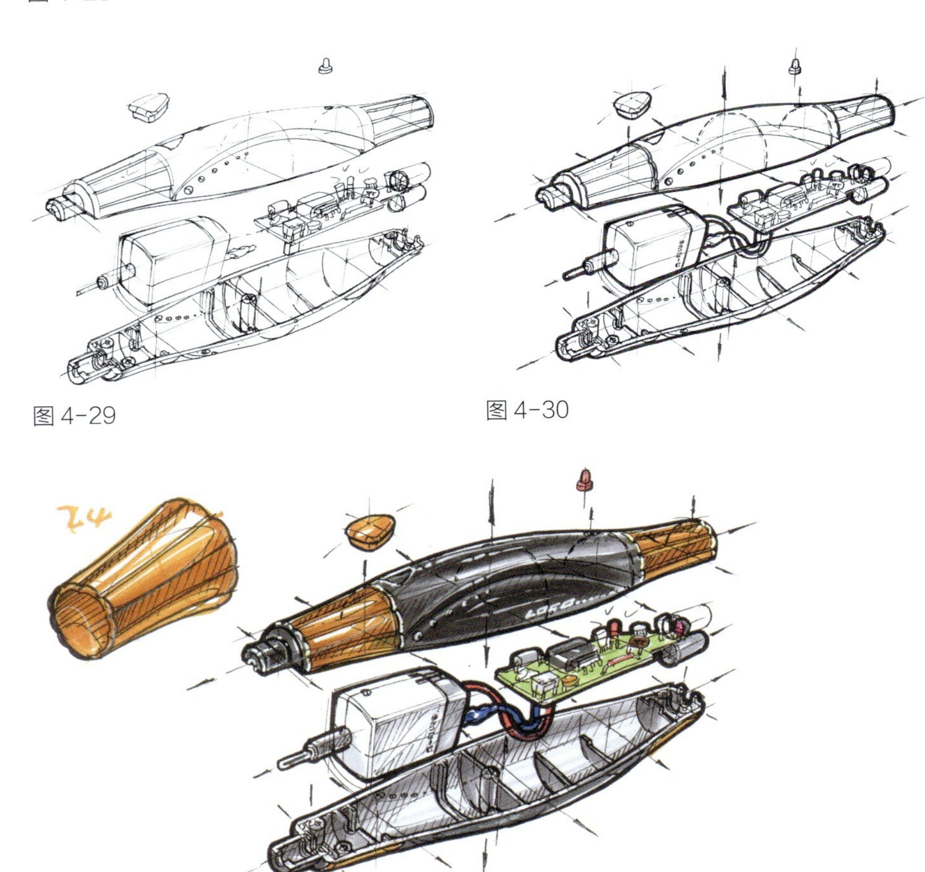

图 4-29

图 4-30

图 4-31

4.8 轮滑鞋

扫描二维码，
学习更多案例

图 4-32

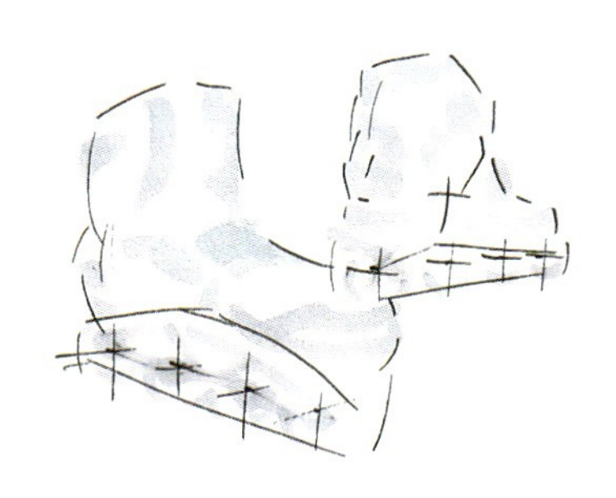

图 4-33

图 4-34

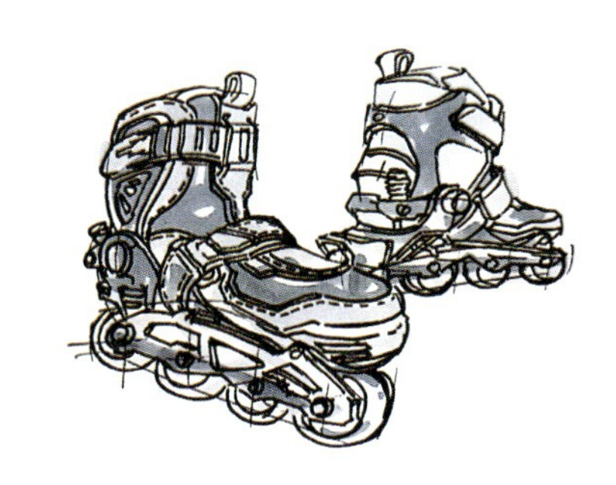

图 4-35

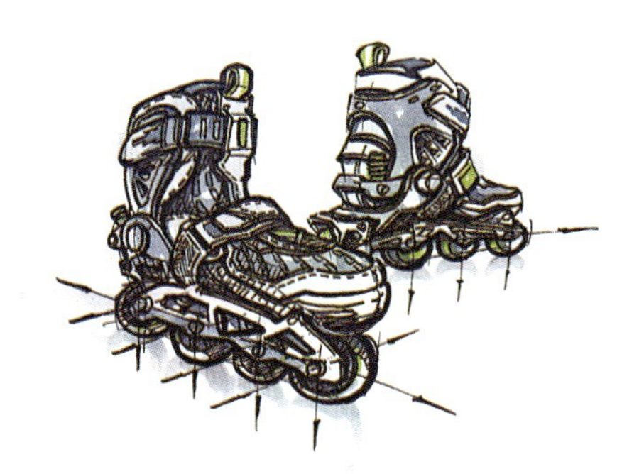

图 4-36

图 4-37

4.9 环卫车

图 4-38

图 4-39

图 4-40

图 4-41

4.10 魔鬼鱼儿童娱乐设施

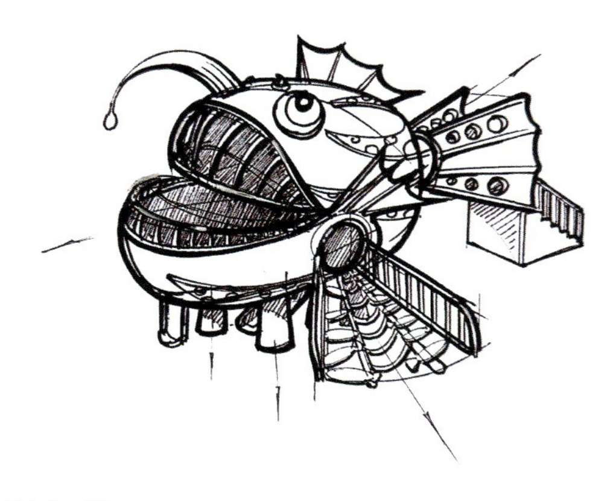

图 4-42

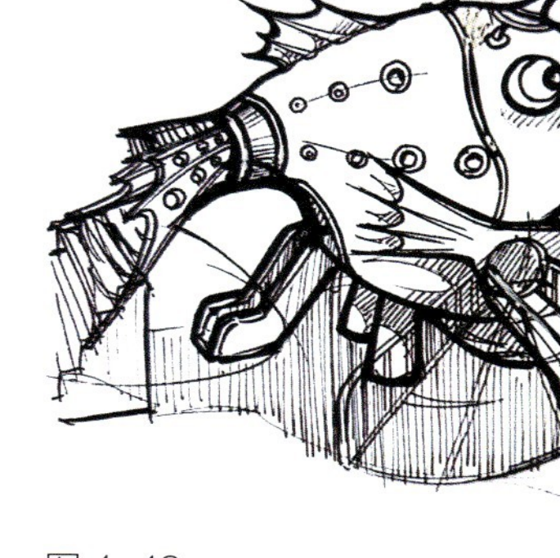

图 4-43

图 4-44

图 4-45

图 4-46

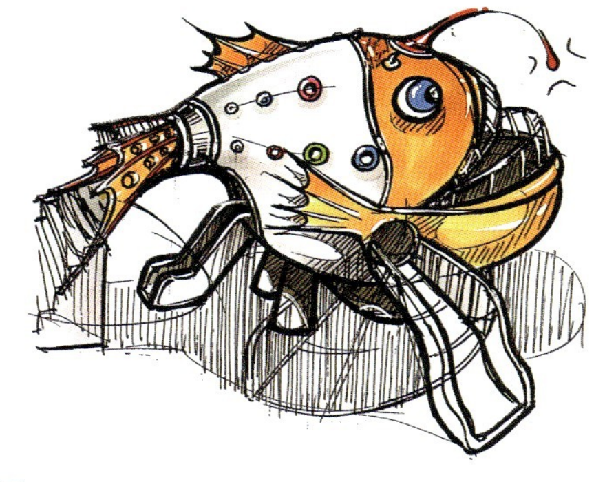

图 4-47

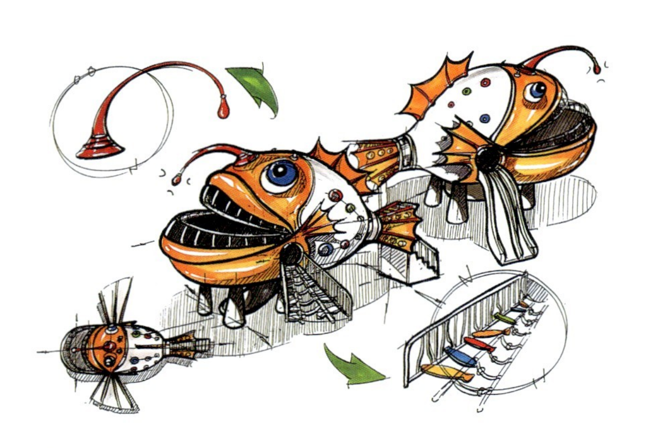

图 4-48

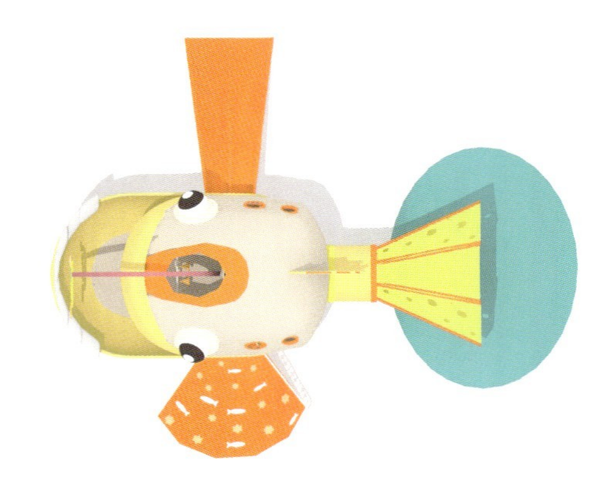

图 4-49

图 4-50

图 4-51

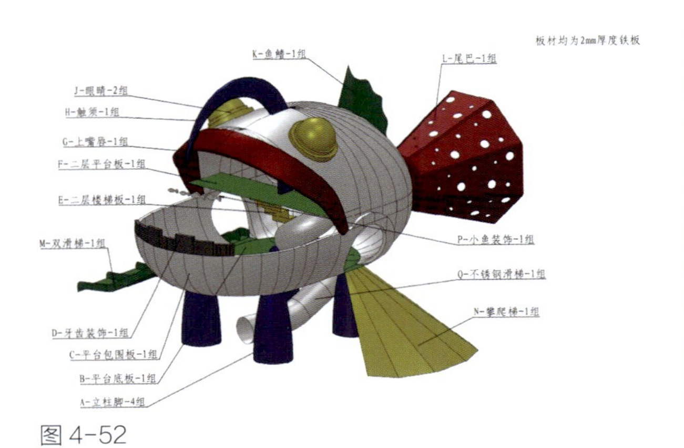

图 4-52

图 4-53

4.11 飞机儿童娱乐设施

图 4-54

图 4-55

图 4-56

图 4-57

图 4-58

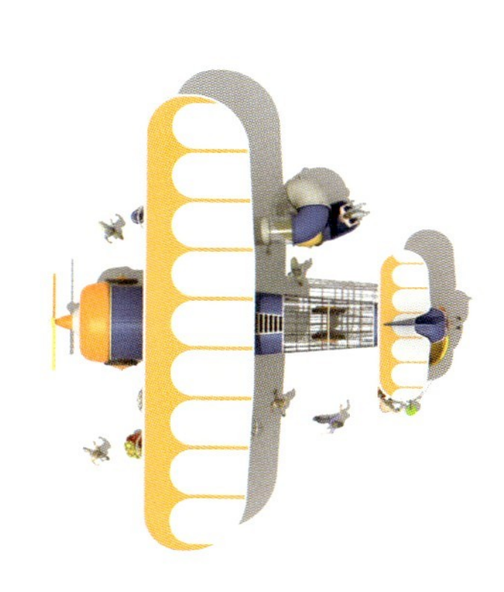

图 4-59